Veröffentlichungen des Preußischen Meteorologischen Instituts

Herausgegeben durch dessen Direktor

G. Hellmann

Nr. 309

Abhandlungen Bd. VII. Nr. 2.

Strahlungs- und Helligkeitsmessungen in Kolberg

Von

K. Kähler

Springer-Verlag
Berlin Heidelberg GmbH 1920

ISBN 978-3-662-42074-4   ISBN 978-3-662-42341-7 (eBook)
DOI 10.1007/978-3-662-42341-7

Inhaltsverzeichnis.

	Seite
Vorbemerkung des Direktors	3
Einleitung	3
1. Sonnenschein und Bewölkung in Kolberg 1914/15	5
2. Messungen des Staub(Kernzahl)gehalts der Luft	5
3. Die Wärmestrahlung der Sonne	
a) Apparatur	8
b) Ergebnisse	9
4. Das blauviolette Sonnenlicht	
a) Apparatur	16
b) Ergebnisse	19
5. Das ultraviolette Sonnenlicht	
a) Apparatur	22
b) Ergebnisse	23
6. Helligkeitsmessungen	
a) Apparatur	24
b) Ergebnisse	
I. u. II. Ortshelligkeit und Schattenhelligkeit	26
III. Vorderlicht	34
7. Messungen der durchdringenden Strahlung	
a) Apparatur	39
b) Ergebnisse	39
Zusammenfassung	41

Vorbemerkung.

Der Zentralstelle für Balneologie, die bestrebt ist, die in Deutschlands Bädern vorhandenen Heilfaktoren genauer zu erforschen und nutzbar zu machen, machte ich als ihr Sachverständiger in Klimafragen 1913 den Vorschlag, die physikalischen Grundbedingungen der Einwirkungen unseres Ostseeklimas im Vergleich zu den im norddeutschen Binnenlande festzustellen, da am Meteorologischen Observatorium bei Potsdam die entsprechenden Messungen gleichzeitig ausgeführt werden konnten. Die Zentralstelle stimmte zu, bewilligte die für die Verwirklichung des Planes nötigen Geldmittel und erwirkte eine namhafte Beihilfe hierzu von der Verwaltung des Ostseebades Kolberg, die ein erfreuliches Interesse daran nahm, die diesbezüglichen Verhältnisse dieses alten und stark besuchten Seebades erforscht zu sehen.

Nachdem ich mich durch den Augenschein davon überzeugt hatte, daß nahe am Badestrande die erforderlichen Strahlungs- und Helligkeitsmessungen gemacht werden könnten, suchte ich beim vorgesetzten Herrn Kultusminister die Beurlaubung des für die Ausführung der Beobachtungen von mir in Aussicht genommenen wissenschaftlichen Hilfsarbeiters am Preußischen Meteorologischen Institut, Herrn Dr. Kähler, nach, die für zwei Jahre bewilligt wurde. Im März 1914 siedelte er nach Kolberg über, richtete die Meßstelle an dem von uns vorher ausgewählten Platz ein und begann im April die umfangreichen Messungen, die er wegen Inanspruchnahme durch den Heeresdienst nach einer nur 13 Monate dauernden Periode hingebender Arbeit plötzlich abbrechen mußte. Die Beobachtungen des einen Jahres haben aber glücklicherweise dank der Gunst der Witterung im Frühjahr und Sommer 1914 so viele wichtige Ergebnisse gezeitigt, daß die aufgewandten Mühen und Kosten reichlich belohnt worden sind.

Hellmann.

Einleitung.

Messungen über das Strahlungs- und Lichtklima eines Ortes liegen erst in geringer Zahl vor. Die Wärmestrahlung der Sonne ist dank der Verdienste von Ångström[1] und Abbot[2] für etwa 10 Orte der Erde in großen Zügen bestimmt worden. Noch spärlicher sind die Helligkeitsbeobachtungen, trotzdem L. Weber[3] in Kiel grundlegende Meßmethoden für die Tageshelligkeit lehrte und regelmäßige photometrische und photochemische Messungen ausführte und anregte. Im letzten Jahrzehnt hat Dorno[4] in Davos zum ersten Mal in umfassender Weise die Licht- und Sonnenwirkung an einem Orte, und zwar an einem sehr günstig gelegenen Heilorte untersucht, wobei er auch luftelektrische Messungen mit heranzog. Diese Arbeit offenbarte den großen Wert solcher Beobachtungen; Dorno[5] selbst regte ähnliche Untersuchungen in anderen

---

[1] K. Ångström, Wiedemanns Annalen der Physik **67**, 633 (1899).

[2] C. G. Abbot, Annals of the Astrophysical Observatory of the Smithonian Institution Vol. I—III (1900—1913).

[3] L. Weber, Wied. Ann. **20**, 826 (1883); Schriften des Naturwissenschaftlichen Vereins für Schleswig-Holstein VIII; 187, X, 77, XI, 48, XIII, 97, XIV, 852; Photographische Mitteilungen **28**, 8 (1891). A. Koenig, Archiv des Vereins der Freunde der Naturgeschichte in Mecklenburg **54**, 365 (1900).

[4] C. Dorno, Studie über Licht und Luft des Hochgebirges, Braunschweig 1911, H. Vieweg; im folgenden kurz mit »Studie« bezeichnet. Ref. Meteorol. Zeitschr. **29**, 64 (1912).

[5] C. Dorno, Vorschläge zum systematischen Studium des Licht- und Luftklimas der den deutschen Arzt interessierenden Orte. Veröffentlichungen der Zentralstelle für Balneologie I, Heft 7 (1912).

Klimaten an, wobei er in Deutschland in erster Linie an das Mittelgebirge und an die Meeresküste dachte.

Nachdem das Ostseebad Kolberg als Meßort bestimmt war, wurde ich vom Direktor des Preußischen Meteorologischen Instituts, Herrn Geheimrat Hellmann, mit der Ausarbeitung des Arbeitsplans, sowie mit der Vorbereitung und Ausführung der Messungen beauftragt. Es verstand sich von selbst, daß Beobachtungen der Sonnenstrahlung in ihren verschiedenen Strahlengattungen, also der Wärmestrahlung, des blauvioletten und ultravioleiten Lichts auszuführen waren. Dazu traten als für den Arzt ebensowichtig: die Ortshelligkeit, Schattenhelligkeit und das Vorderlicht. Zur Ergänzung kamen noch meteorologische Beobachtungen und Messungen des Staubgehalts der Luft hinzu. Dagegen wurde das luftelektrische Programm aus Mangel an Zeit und wegen der zu hohen Kosten stark eingeschränkt. Durch die Registrierungen in Potsdam ist ein erster Anhaltpunkt für das elektrische Verhalten der Luft in der norddeutschen Tiefebene geschaffen worden. Außerdem hat Lüdeling[1]) in einigen Sommermonaten luftelektrische und Staub-Messungen an der Ostsee- und Nordseeküste angestellt. Nur regelmäßige Beobachtungen der durchdringenden Strahlung wurden für Kolberg in Aussicht genommen, die an der Küste besonders wichtig erschienen und verhältnismäßig wenig Zeit in Anspruch nahmen.

Der Beginn der Kolberger Messungen ward auf den 1. April 1914 festgesetzt. Der eigentliche Badestrand kam leider für die Hauptbeobachtungen deswegen nicht in Betracht, weil der hinter ihm aufsteigende Strandwald und -park einen Teil des Südhimmels verdeckt und dadurch vor allem im Winter Strahlung und Helligkeit beeinflussen mußte. Als Meßort wurde daher das Fort Münde gewählt, das fast vollständig frei an der Hafeneinfahrt gelegen ist und nur im Norden etwas vom Lotsenturm überragt wird. Die paar Quadratgrade des Nordhimmels, die so verdeckt waren, haben die Helligkeitsmessungen so gut wie garnicht gefälscht. Bei der Vorderlichtmessung nach Norden konnte der Lotsenturm umgangen werden. Außerdem steht im Westen vom Fort ein Signalmast mit Tauwerk, der zuerst nicht beachtet wurde, der aber im Sommer abends bei gewissen tiefen Sonnenhöhen durch seinen Schatten Messungen der Strahlung und der Helligkeit unmöglich machte. Das Fort hatte den Übelstand, daß zwischen Strand und Stadt hier nicht mehr die schützende Zone des Strandparks liegt, die zweifellos als Luftfilter wirkt. Es war daher in Aussicht genommen, die Messungen auf dem Fort zu ergänzen durch Parallelbeobachtungen an anderen Stellen des Strandes und des Parks. Nur einiges von diesen Plänen konnte ausgeführt werden; der baldige Kriegsausbruch hat das meiste verhindert.

Auf dem Fort wurde ein hölzernes Beobachtungshäuschen errichtet, das etwa $2\frac{1}{2}$ m hoch, 2×2 m breit war und auf der Ost-, Süd- und Westseite große, nach außen umklappbare Fenster hatte. Auf diese Weise ließ sich von Klapptischen im Innern des Häuschens aus bequem von morgens bis abends der Sonnengang messend verfolgen. In das Dach war die für die Ortshelligkeitsmessungen dienende große Milchglasscheibe mit Holzgehäuse und aufmontiertem Photometer fest eingebaut. Daneben wurden an einer erhöhten Stelle des Strandes zwei große englische Hütten aufgestellt, von denen die eine Thermometer, Thermographen, Hygrographen, die andere den Wulfschen Strahler aufnahm. Ein Barograph wurde im Lotsenturm untergebracht.

Anfang April 1914 konnte mit den meisten Messungen, Mitte des Monats mit den Helligkeitsbeobachtungen begonnen werden. In erster Linie wurden mittags alle Elemente abgelesen, außerdem an allen geeigneten Tagen bei allen Sonnenhöhen, die ein Vielfaches von 5^0 waren, die Sonnenstrahlung, bei den Sonnenhöhen, die ein Vielfaches von 10^0 waren, Ortshelligkeit, Schattenhelligkeit und Vorderlicht. Ein so umfangreiches Meßprogramm an den langen Sommertagen außer den vielen anderen Arbeiten, Beobachtungen und Berechnungen durchzuführen war nur möglich dank dem verständnisvollen Mitwirken meines Gehilfen, des Primaners Zemke. Nach seinem Fortgang — bei Kriegsausbruch trat er sofort als Freiwilliger ein und ist im Januar 1915 im Westen gefallen — konnte vieles nicht mehr in dem gleichen Umfange weitergeführt werden. Auf die an sich dringend erwünschten sofortigen Eichungen und Vergleichsmessungen in Potsdam mußte ganz verzichtet werden. Es gelang grade noch, wenigstens ein Meßjahr zu Ende zu führen. Mitte April 1915 wurden die Instrumente wegen

---

[1]) G. Lüdeling in den Ergebnissen der Meteorologischen Beobachtungen in Potsdam in den Jahren 1901, 1902 und 1904. Berlin, Behrend & Co.

meiner militärischen Einberufung an Ort und Stelle eingepackt, von wo sie 1 Jahr später nach Potsdam überführt worden sind.

Erst nach Beginn des Waffenstillstands im Winter 1918 konnte mit der Bearbeitung des Beobachtungsmaterials begonnen, sowie eine nachträgliche Nachprüfung der Instrumentkonstanten vorgenommen werden. Das hat namentlich bei den lichtelektrischen Zellen noch viel Mühe gemacht.

1. Sonnenschein und Bewölkung in Kolberg 1914/15.

Von merklichem Einfluß auf den gesamten Meßplan mußte das Wetter der Beobachtungszeit sein. Um Abweichungen während eines Jahres herausfallen zu lassen, war ja ursprünglich eine zweijährige Meßdauer vorgesehen. Nun sind in der Tat im Zeitraum April 1914 bis 1915 große Abweichungen vom normalen Wetter eingetreten. Sie sind ersichtlich aus der Zusammenstellung der Tabelle 1, welche die monatliche Sonnenscheindauer in Prozenten der möglichen Dauer im 26 jährigen Mittel und in der Meßzeit enthält. Die Normalwerte sind er-

Tab. 1. Sonnenscheindauer in Prozenten des möglichen Sonnenscheins.

Monat	April	Mai	Juni	Juli	Aug.	Sept.	Okt.	Nov.	Dez.	Jan.	Febr.	März
26 j. Mittel	40.6	50.0	51.5	50.2	47.3	42.4	30.7	20.1	14.4	19.2	24.2	28.5
1914/15	50	47	52	59	55	45	21	11	11	9	27	23

halten aus den Registrierungen eines seit 1890 auf dem Fort Münde aufgestellten Campbell-Stokes-Apparates. Man erkennt, daß der April, Juli, August zu viel, dagegen der Oktober, November, Januar und März zu wenig Sonnenschein während der Meßzeit aufwiesen.

Die Tabelle 2 bringt die Monatsmittelwerte aus 2 stündigen Bewölkungsschätzungen, die von 6 Uhr morgens bis 10 Uhr abends ausgeführt wurden, und außerdem die Anzahl der

Tab. 2. Bewölkung in Kolberg 1914/15.

Monat	April	Mai	Juni	Juli	Aug.	Sept.	Okt.	Nov.	Dez.	Jan.	Febr.	März	Jahr
Mittelwert	5.7	5.8	5.2	4.6	5.3	6.3	9.1	8.9	8.3	8.9	7.5	8.1	7.0
Zahl der heiteren Tage	7	8	8	12	3	5	1	1	1	1	3	0	50
Zahl der trüben Tage	10	14	7	7	6	10	22	25	23	24	16	21	185

heiteren (Bewölkung < 2.0) und trüben Tage (Bewölkung > 8.0). Es ergibt sich ein ähnliches Bild wie beim Sonnenschein. Der Juli war ausnahmsweise heiter, die Zeit von Oktober bis März fast durchweg trübe. Die große Zahl der heiteren Tage im Frühjahr und Sommer ist nur zum Teil dem günstigen Wetter der Meßzeit zuzuschreiben, zum größeren Teil ist sie ein Vorzug der hinterpommerschen Küste. Es war also für die Strahlungsmessungen grade einer der sonnenscheinreichsten und wolkenärmsten Orte Deutschlands ausgewählt worden[1]). An vielen Tagen lag im Süden, d. h. über Land eine Cumulusbank, während der Himmel über See stets tiefblau und wolkenlos blieb[2]).

2. Messungen des Staub(Kernzahl)gehalts der Luft.

Es wurde regelmäßig 3 mal täglich, gegen 7 Uhr morgens, mittags und gegen 6 bis 7 Uhr abends die Anzahl der Kondensationskerne mit einem Aitkenschen Kernzähler[3]) auf dem Fort Münde gemessen. Gleichzeitig wurden die Fernsicht, sowie Windrichtung und -stärke

---
[1]) C. Kaßner, Das Klima der Sommermonate in Norddeutschland. Veröffentlichungen der Zentralstelle für Balneologie III, Heft 7—10, S 187, 1916.
[2]) vgl. auch W. Köppen: Meteorol. Zeitschrift **32**, 427 (1915).
[3]) Nach A. Wigand, Meteorol. Zeitschrift **30**, 10 (1914), ist diese Bezeichnung der früher gebräuchlichen »Staubzähler« vorzuziehen, weil der grobe Staub vom Apparat garnicht mitgemessen wird.

notiert. Von November bis Februar mußten die Morgen- und Abendablesungen wegfallen, weil das Gesichtsfeld des Kernzählers dann zu dunkel war. Die Tabelle 3 enthält die Monatsmittelwerte. Der Jahresmittelwert ist etwa 13000 Teilchen im ccm. Der Kerngehalt ist am größten

Tab. 3. Messungen mit dem Aitkenschen Kernzähler, Mittelwerte. $\times \frac{1}{1000}$.

Monat	Morgens	Mittags	Abends	Mittel
April 1914	9.8	9.4	9.4	9.5
Mai	6.6	6.7	5.6	6.2
Juni	10.4	14.0	7.7	10.7
Juli	14.2	10.0	5.8	10.0
August	12.7	9.3	6.3	9.4
September	12.8	12.7	7.9	11.1
Oktober	16.2	18.1	14.7	16.3
November	—	14.7	—	(13.0)
Dezember	—	14.5	—	(12.5)
Januar 1915	—	24.3	—	(20.0)
Februar	—	24.7	—	(21.0)
März	15.5	18.9	12.7	(15.7)
Jahr	—	14.8	—	(13.0)

im Winter (Januar und Februar über 20000), am kleinsten im Frühsommer und Sommer abends (5 bis 8000). Dieses auf den ersten Blick auffallende Ergebnis erklärt sich aus der Häufigkeit der Windrichtungen. Die Einzelmessungen bringen oft in ganz kurzer Zeit erhebliche Schwankungen des Kerngehalts und zwar stets eine starke Zunahme beim Eintreten von Landwind, eine Abnahme bei Seewind. Als Beispiel für die Einzelmessungen bringe ich in Tabelle 4 den

Tab. 4. Kerngehalt, Windrichtung und Stärke im August 1914.

Tag	Kerngehalt			Wind			Tag	Kerngehalt			Wind		
	Vm.	Mtg.	Nm.	Vm.	Mtg.	Nm.		Vm.	Mtg.	Nm.	Vm.	Mtg.	Nm.
1.	3.7	5.2	6.0	WNW$_4$	W$_4$	W$_4$	16.	2.2	5.0	3.3	NNO$_2$	NO$_2$	NO$_1$
2.	21.5	9.0	4.7	88O$_2$	NO$_4$	NO$_4$	17.	22.0	6.0	5.3	8W$_2$	NW$_2$	NO$_2$
3.	8.0	8.2	2.9	O$_2$	W$_2$	NNW$_3$	18.	25.0	2.7	2.7	8O$_1$	NO$_2$	ONO$_2$
4.	30.0	3.3	14.3	8O$_1$	ONO$_2$	8W$_5$	19.	7.4	11.4	9.7	8$_2$	W8W$_3$	W$_2$
5.	5.0	8.0	5.0	W8W$_7$	W8W$_7$	WNW$_4$	20.	6.7	3.3	1.7	NW$_2$	NW$_2$	N$_2$
6.	17.0	40.0	9.0	88W$_2$	8$_2$	ONO$_4$	21.	24.0	3.3	4.0	88O$_1$	NO$_2$	ONO$_2$
7.	3.7	6.5	7.0	W$_7$	W8W$_6$	W$_6$	22.	12.0	5.3	18.0	8$_1$	O$_1$	8O$_1$
8.	2.7	1.8	3.7	N$_2$	NW$_2$	WNW$_2$	23.	3.3	4.0	3.7	NO$_2$	N$_2$	NNW$_2$
9.	18.0	18.0	9.0	88W$_2$	8W$_2$	8W$_1$	24.	18.0	4.7	3.0	8$_1$	NW$_1$	N$_1$
10.	26.0	38.0	19.3	88W$_2$	8W$_1$	N$_1$	25.	18.0	12.0	11.0	8$_1$	NW$_1$	ONO$_1$
11.	12.8	10.5	3.0	88W$_2$	W8W$_1$	N$_4$	26.	53.0	18.0	7.0	8O$_1$	8$_2$	ONO$_2$
12.	2.2	1.5	1.3	NW$_5$	NW$_5$	NW$_5$	27.	14.0	4.5	5.5	O8O$_1$	NO$_2$	ONO$_4$
13.	1.4	1.2	3.8	NW$_5$	NW$_6$	NW$_5$	28.	2.3	2.7	2.7	NO$_4$	NO$_4$	NO$_4$
14.	8.0	14.0	5.2	NW$_4$	WNW$_5$	NW$_4$	29.	9.0	16.0	8.0	O$_2$	ONO$_2$	NO$_2$
15.	3.0	6.3	6.0	N$_4$	N$_4$	N$_3$	30.	12.0	5.3	3.7	W8W$_1$	W$_2$	NW$_2$
							31.	2.7	4.5	5.0	NNW$_2$	NW$_3$	NW$_3$

August. Die kleinsten Zahlen werden in allen Monaten erreicht bei Nordwest- bis Nordostwinden. Als tiefster Wert fand sich Ende Mai, nachdem tagelang Regenwetter und Seewind geherrscht hatte, 200 Teilchen im ccm. Diese kleinsten Zahlen des Kerngehalts sind vielleicht für ein Klima charakteristischer als die Mittelwerte, in denen zufällige Raucheinflüsse stecken können. Als Minima wurden von mir gemessen in Potsdam 5000 Teilchen, auf dem Brocken 600, auf der Schneekoppe 200[1]), von Lüdeling[2]) in Misdroy 500, an der Wesermündung 250. Die Seeluft ist also hiernach ebenso rein wie die Bergluft in 1000 bis 1500 m Seehöhe.

Die höchsten Werte des Kerngehalts treten in Kolberg stets bei Landwind ein, vor allem bei SO- und SSO-Wind, der von der Stadt zum Fort weht. Doch wurde sichtbarem Rauch bei der Messung stets ausgewichen. So konnte beispielsweise durch ein vorüberfahrendes Fischerboot der Kerngehalt auf mehr als 100000 Teilchen im ccm steigen. Als Höchstwerte fanden sich in den einzelnen Monaten 30 bis 70000.

---
[1]) K. Kähler, Bericht über die Tätigkeit des Preuß. Meteorol. Instituts im Jahre 1911, S. 137.
[2]) G. Lüdeling in den Ergebnissen der meteorologischen Beobachtungen in Potsdam in den Jahren 1901, 1902 und 1904. Berlin, Behrend & Co.

Der Unterschied zwischen Land- und Seewind, der bei vielen Einzelmessungen in die Augen springt, bleibt auch in den Mittelwerten bestehen. So ergeben im Mai alle (22) Beobachtungen bei NNO- und NO-Wind das Mittel 1800, 17 bei SSO- bis SSW-Wind 12000. Die Werte von April bis Juni wurden getrennt gemittelt nach Seewind, Küstenwind und Landwind. Dabei wurde unter Seewind verstanden NW- bis ONO-Wind, unter Küstenwind O, OSO sowie WSW- bis WNW-, unter Landwind SO- bis SW-Wind. Dann ergaben sich folgende Mittel:

Tab. 5. Mittelwerte des Kerngehalts.

	April	Mai	Juni
Seewind	6 400	4 700	8 000
Küstenwind	6 800	5 600	14 000
Landwind	17 900	10 700	15 600
Gesamtmittel	9 500	6 200	10 700

Denselben Unterschied zwischen N- und S-Winden erhielt schon Lüdeling[1]) bei seiner kurzen Messungsreihe vom Juli 1902 in Misdroy. Die höheren Werte der Wintermonate in Kolberg erklären sich aus dem Überwiegen der Süd- bis Südwestwinde in dieser Jahreszeit. So war im Januar 1915 an mehr als der Hälfte der Termine diese Windrichtung vorhanden. Die tieferen Werte des April, Mai und August, vor allem in den Abendstunden, sind auf Überwiegen der Seewinde zu dieser Jahres- und Tageszeit zurückzuführen. Bei SO-Winden ergeben sich selbst bei Regen, Nebel und Schnee oft noch hohe Zahlen, wenn auch am meisten wohl bei dichtem Nebel eine starke Herabminderung nicht zu verkennen ist. Die von Lüdeling vor allem bei den Messungen auf Helgoland beobachtete starke Erhöhung der Kernzahl durch Salzpartikelchen wurde in Kolberg auf dem Fort, das fast 100 m vom Wasser entfernt und 15 m über dem Wasserspiegel liegt, nicht beobachtet.

Eine Beziehung zwischen Kerngehalt und Fernsicht ist in den meisten Monaten vorhanden, am ehesten im Winter, wo bei S-Winden und hohem Kerngehalt fast stets Dunst und schlechte Sicht, bei N-Winden und geringem Kerngehalt sehr gute Sicht herrschte. Ausnahmen bilden Schneefall und Nebel, wo Kerngehalt und Sicht beide klein sein können. Ein paarmal wurde hoher Kerngehalt bei Seewind beobachtet, so am 10. August abends (Tab. 4). In diesem Fall zogen aber die Wolken aus Süden, so daß der Hauptlufttransport doch von Land her erfolgte. Auch das Umgekehrte tritt ein: Man kann bei südlicher Luftströmung geringen Kerngehalt finden (19. August Vm., Tab. 4), wenn die Wolken aus N ziehen.

Nun werden zweifellos durch die freie Lage des Meßortes auf dem Fort bei den Messungen viele Lufteinflüsse zur Geltung kommen, die am tiefer gelegenen Strand, sowie vor allem im Strandpark fehlen müssen. Andererseits wird hier der Seewind nicht so rasch wirken als auf dem Fort. Um hierfür genaue Zahlenwerte zu erhalten, wurden von April bis Juni zahlreiche Parallelmessungen mit demselben Aitkenschen Kernzähler an zwei geschützteren Orten ausgeführt, einmal 500 m östlich vom Fort am Strand und zweitens 500 m OSO-lich vom Fort mitten im Strandpark. Die Tabelle 6 enthält die Ergebnisse. Im Park ergibt sich also

Tab. 6. Mittelwerte des Kerngehalts.

Meßort	Morgens	Mittags	Abends	Mittel
Fort Münde	13 900	17 000	8 900	13 200
Strand	7 100	9 500	4 800	7 100
Park	6 500	8 800	3 600	6 300

im Mittel etwa nur der halbe Kerngehalt wie auf dem Fort; am Strand sind die Zahlen meistens etwas höher als im Park. Am geringsten ist, wie Tab. 7 zeigt, die Herabminderung bei Küstenwind, am stärksten bei Landwind. Auch bei Seewind wirkt der Park noch stark filtrierend.

Dem Jahresmittelwert 13000 auf dem Fort würde, wenn man berücksichtigt, daß im

---

[1]) G. Lüdeling in den Ergebnissen der meteorologischen Beobachtungen in Potsdam in den Jahren 1901, 1902 und 1904. Berlin, Bebrend & Co.

Tab. 7. Mittelwerte des Kerngehalts im Juni.

	Fort	Strand	Park
Seewind	8 000	5 300	3 100
Küstenwind	14 000	10 300	9 500
Landwind	15 600	7 200	4 800
Gesamtmittel	10 700	7 300	5 500

Winter die Schwächung am Strand und im Park geringer ist, am Strand etwa ein Mittelwert von 8000, im Park von 6—7000 Teilchen im ccm entsprechen. Der in Potsdam auf dem Telegrafenberge in freier Lage gefundene Jahresmittelwert ist dagegen 23 000. Für das Sommerhalbjahr stellt sich das Ergebnis für Kolberg noch günstiger, einmal weil dann der Park die Luft stärker reinigt und, weil im Sommer die Seewinde mehr überwiegen als im Winter.

Um neben den groben Trübungen in der Nähe des Erdbodens, wie man sie mit dem Aitkenschen Kernzähler erhält, auch Aufschlüsse über die Trübungen in größeren Höhen zu erhalten, sind auch einige Messungen der neutralen Punkte mit dem Jensenschen Pendelquadranten und Savartschem Polariskop ausgeführt worden. Diese Stichproben — die starke Belastung mit den anderen Beobachtungen an klaren Tagen zwang zu einer großen Einschränkung — entsprechen dem gleichzeitig an anderen Orten Norddeutschlands (so in Potsdam und Arnsberg) gemessenen. Die große atmosphärische Trübung des Sommers 1912, die das ganze Jahr 1913 merklich war und auch am Anfang des Jahres 1914 noch an der Verschiebung der neutralen Punkte nachweisbar war, hat jedenfalls die Kolberger Strahlungsmessungen so gut wie nicht mehr beeinflußt.

3. Die Wärmestrahlung der Sonne.

a) Apparatur. Für die Wärmestrahlung (oder richtiger die Gesamtenergie der Sonnenstrahlung) war die Apparatur gegeben: Als Hauptmeßinstrument diente das Michelsonsche Aktinometer in Verbindung mit dem Ångströmschen Kompensationspyrheliometer. Es konnte dasselbe Michelsonsche Instrument Nr. 15 (mit Platin-Kupferlamelle) verwandt werden, das schon 1908—1910 in Davos und 1911—1913 in Potsdam so gute Dienste geleistet hat. Herrn Prof. Dorno spreche ich für die leihweise Überlassung meinen herzlichen Dank aus. Außerdem stand noch ein zweiter ebenfalls in Moskau gebauter Michelson, Nr. 2996 (mit Invar-Eisenlamelle), zur Verfügung. Beide Apparate wurden seit dem Spätsommer 1913 geeicht und mit einander verglichen. Dabei erwies sich M 2996 trotz mehrfacher Abänderungen an der Lamelle und am Kupfergehäuse als weniger zuverlässig als der ältere M 15. Dieser wurde daher zum Hauptinstrument gewählt, während M 2996 zu Messungen in beschränkten Spektralbezirken verwandt wurde. Zu dem Zweck war auf ihm ein drehbarer Revolver aufgesetzt worden mit einem 3.5 mm dicken roten Glas Schott F 4512 und einem 3.5 mm Blauuviolglas Schott F 3653, eine Vorrichtung, wie sie in Potsdam seit 1913 von Prof. Marten bei den laufenden Messungen eingeführt ist. Bei diesen Vergleichsmessungen zwischen Gesamtstrahlung und rotem und blauem Anteil lieferte auch der Michelson 2996 brauchbare Werte, sofern nur das Sonnenbildchen ganz genau auf einen und denselben Punkt eingestellt wurde. Um aber sicher zu gehen, wurde stets mit M 15 nebenher gemessen, so daß etwaige Fehler sich sofort in der Änderung des bekannten Verhältnisses $\frac{M\,2996}{M\,15}$ bemerkbar machen mußten.

Die fortlaufenden, etwa alle Monat ausgeführten Eichungen der beiden Michelsone erfolgte durch das Ångströmsche Kompensations-Pyrheliometer Nr. 150, das ebenso wie M 2996 vom Meteorologischen Institut zur Verfügung gestellt wurde. Die Konstante von Å 150 ist im Herbst 1913 und März 1914 mit dem Potsdamer Standardinstrument, dem Abbotschen Silberscheiben-Pyrheliometer A. P. XII zu 1.038 bestimmt worden. Es zeigte sich also die bekannte Abweichung der Ångströmschen Instrumente mit um 3.8 % zu tiefen Werten.

Die Eichungen von M 15, bezogen über Å 150 auf A. P. XII, lieferten in der Zeit von Herbst 1913 bis Winter 1914/15 in Potsdam und Kolberg Reduktionsfaktoren, die im ganzen von 271 bis 282 schwankten, d. h. um etwas weniger als 4 %, entsprechend der bekannten von

Dorno und Marten früher ermittelten Meßgenauigkeit. M 2996 war empfindlicher als M 15: Das Verhältnis $\frac{M\,2996}{M\,15}$ war anfangs 1.18, seit Juni 1914 nach einer Mikroskopverschiebung bei 2996, 1.22. Nachdem beide Instrumente nach Abbruch der Beobachtungen in Kolberg 1 Jahr in einem feuchten Schrank in Kolberg, 3 Jahre unbenutzt in Potsdam gestanden hatten, ergab eine Neueichung in Potsdam im April und Mai 1919 mit A. P. XII für M 15 278, für $\frac{M\,2996}{M\,15}$ 1.22, also genau dieselben Werte wie 5 Jahre vorher.

In Kolberg wurde auf dem Fort Münde mit M 15 gemessen bei freier Sonne zu allen Sonnenhöhen, die ein Vielfaches von 5 waren, ohne Rücksicht auf die Bewölkung oder auf die Himmelsfärbung. Auch Dunst war kein Hinderungsgrund, solange er nicht in sichtbare Wolkenfetzen oder Nebel überging. Es geschah dies aus der Erwägung heraus, daß für die wirklich vorhandene Sonnenwirkung ein Fortlassen aller gestörter Tage, wie sie an manchen Observatorien wohl üblich ist, eine Fälschung bedeuten muß. Außerdem ist die Auffassung, ob ein Tag gestört ist oder nicht, rein subjektiv. Schließlich ist jeder Tag mehr oder weniger durch Dunst gestört. Streng genommen — vor allem bei der Berechnung der Wärmesummen stellt sich das nachher heraus — müßte man noch weitergehen und auch alle durch Wolken gestörten Werte mit berücksichtigen, also vor allem auch an Cirrus-Tagen beobachten. Mit M 2996, der die Vorrichtung zur Messung in Rot und Blau hatte, wurden Parallelmessungen in diesen Farben ausgeführt an allen Mittagen, sowie nach Möglichkeit bei 30° Sonnenhöhe (Luftmasse 2), 15° (Luftmasse 3.86) und 10° (Luftmasse 5.8). Doch mußten nach Kriegsausbruch aus Mangel an Zeit gerade diese Messungen stark eingeschränkt werden.

b) Ergebnisse. Das sonnenscheinreiche Wetter, vor allem der vier Monate vor Kriegsausbruch konnte voll ausgenutzt werden, so daß im Sommerhalbjahr 1914 für die hinterpommersche Küste ein Strahlungsmaterial beigebracht werden kann, wie es meines Wissens in der Reichhaltigkeit noch von keiner Station vorliegt. In allen Monaten ergibt sich ein wahres Büschel von Strahlungskurven. Schon ein Blick hierauf genügt, um die große Schwankung der Sonnenwärme am Erdboden von Tag zu Tag darzutun. Als Beispiel bringe ich den August Nachmittag (Figur 1). Die zahlreichen Abweichungen der Einzelkurven von der normalen Form sind nicht etwa Instrument- oder Beobachtungsfehler, sondern wirkliche Änderungen der Luftdurchlässigkeit; denn die gleichzeitigen photoelektrischen Messungen mit der Kaliumzelle zeigen alle diese Abweichungen in gleicher Art. Die Atmosphäre ist also dauernden Trübungen unterworfen, die von Tag zu Tag, oft auch am selben Tage wechseln. Häufig kann man aus dem Eintreten einer Trübung Schlüsse auf das Wetter der nächsten Tage ziehen. Vor allem im Frühjahr ist mit ziemlicher Sicherheit etwa einen halben Tag später Regen zu erwarten. So günstig wie die erste, ebenso ungünstig war die zweite Hälfte der Beobachtungszeit für die Strahlungsmessungen. Schon im Oktober 1914 gelang es nur an 5 halben Tagen Beobachtungen auszuführen, im November außer einigen Stichproben nur an einem Tage. Auch der Dezember und Januar 1915 brachten es nicht viel über Einzelmessungen hinaus. Februar und März erreichten etwa den Umfang vom Oktober.

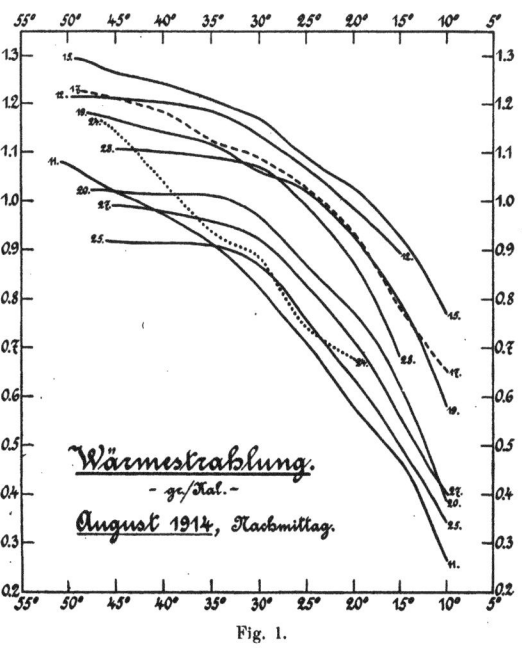

Fig. 1.

Um in den über 1000 Einzelmessungen einen Überblick zu erhalten, seien zunächst einmal die Mittagswerte herausgegriffen, die, wie hier gleich betont werden mag, in Kolberg auch im Sommer, abgesehen von wenigen Hochsommertagen, fast stets gleichzeitig die höchsten Tageswerte darstellen. Die im Binnenland in der wärmeren Jahreszeit häufig oder immer auftretenden „Strahlungsdepressionen" fehlen also an der Küste meistens, oder sind doch nicht so stark, um die Werte abnehmen zu lassen. Als höchster Mittagswert und zugleich als Höchstwert aller Messungen in Kolberg (54⁰ 12' N. Br.) fand sich 1.412 gr/kal. min am 2. Mai 1914. Zum Vergleich seien die Höchstwerte einiger anderer Orte hier angefügt: Davos (1600 m See-Höhe und 46⁰ 48' N. Br.) 1.522 am 5. März 1910, Potsdam (100 m Seehöhe und 52⁰ 23' N. Br.) 1.437 am 13. April 1910, Upsala (etwas unter 60⁰ N. Br.) 1.360 im August 1901. Den tiefsten Mittagswert in Kolberg brachte ein dunstiger Novembertag mit 0.543 gr/kal.

In der Tabelle 8 sind die Mittagswerte monatlich gemittelt worden; dabei wurden November bis Januar zusammengefaßt. Sie bilden in Norddeutschland gewissermaßen den Strahlungswinter mit einem Mittelwert von etwa 0.8 gr/kal. Die höchsten Werte, etwa 1.3 gr/kal., treten in der Zeit von März bis Mai ein. Die Märzwerte 1915 waren anscheinend ausnahmsweise hoch; auch in Potsdam überragen sie im Jahre 1915 die der früheren und späteren Jahre. Außer dem Hauptmaximum im Frühjahr ergibt sich ein zweites von etwa 1.2 gr./kal. im Herbst (September, Oktober). Dazwischen liegt in den heißesten Monaten Juli—August ein deutliches zweites Minimum von etwa 1.1 gr/kal. (Vergl. Figur 2, Kurve 1).

Tab. 8. Mittel-, Höchst- und Tiefstwerte der Wärmestrahlung am Mittag.

Monat	Gesamtstrahlung		Rot-Blau-strahlung			Gesamtstrahlung gr/kal.		Rotstrahlung %	
	Anzahl der Messungen	gr/kal.	Anzahl der Messungen	Rot %	Blau %	Max.	Min.	Max.	Min.
April 1914/15 ..	17	1.258	12	52.3	19.9	1.402	0.994	55.9	49.1
Mai 1914 ..	13	1.298	12	51.5	20.0	1.412	1.142	53.1	48.4
Juni » ..	16	1.224	11	50.0	20.0	1.376	1.015	53.2	48.1
Juli » ..	18	1.127	12	50.4	19.7	1.254	0.906	52.5	48.4
August » ..	16	1.078	3	50.4	19.4	1.295	0.854	51.3	49.3
September » ..	13	1.202	8	51.5	19.6	1.317	0.933	53.9	50.1
Oktober » ..	6	1.222	3	53.3	19.4	1.294	1.080	54.4	51.9
Nov. bis Jan. 1915	6	0.804	6	62.9	20.5	1.090	0.543	68.0	57.2
Februar »	6	1.001	5	56.0	19.9	1.167	0.640	57.7	54.7
März »	6	1.316	5	53.7	19.7	1.385	1.209	55.2	52.7

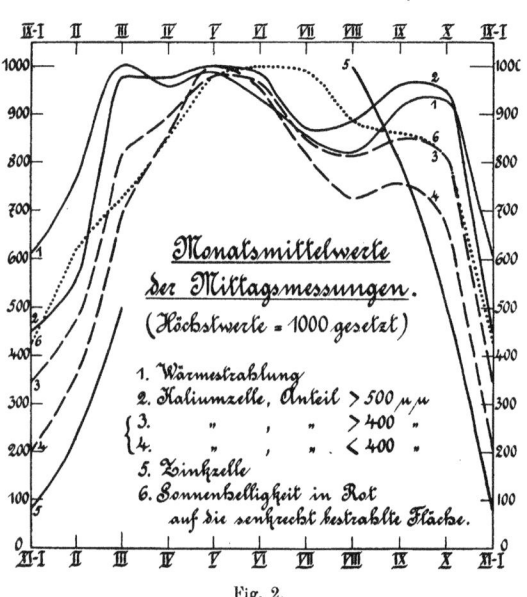

Fig. 2.

Die Tabelle 8 enthält außer den Mittelwerten auch die höchsten und tiefsten Werte der einzelnen Monate. In den Höchstwerten spricht sich der jährliche Gang der Strahlung fast noch regelmäßiger aus. Die Störungen durch Dunst, die sich ja vor allem in den Tiefstwerten finden, sind verhältnismäßig am stärksten im Winter, wo sie die Strahlungswerte bis auf die Hälfte der an klaren Tagen gefundenen herabdrücken. Aber auch im Hochsommer kann in den Mittagsstunden durch solche vorübergehenden Trübungen noch mehr als ein Viertel der sonst zum Boden gelangenden Sonnenenergie verloren gehen.

Da mittags gleichzeitig auch die Sichtweite, geschätzt an der Küste entlang, notiert wurde, ist es möglich, Wärmestrahlung und Fernsicht zu vergleichen. Im Mittel ist, wie die kleine Tabelle 9 zeigt, die sich auf die Mittagsmessungen vom März bis Oktober bezieht, ein deutlicher Zusammenhang da.

Tab. 9. Wärmestrahlung und Fernsicht.

Zahl der Messungen	Sicht	gr/kal.
24	30—35 km	1.298
45	20—25 »	1.198
29	10—15 »	1.112

Hin und wieder gibt es jedoch Ausnahmen. So kann bei schlechter Sicht (10—12 km) die Wärmestrahlung hoch sein (1.3 gr/kal.). Offenbar lagert in diesem Fall die Dunstschicht nahe dem Boden und ist nicht allzu dick. Auch das Umgekehrte tritt ein: Sehr gute Sicht (30 km) gibt geringe Wärmestrahlung (1.1 gr/kal.). Dann rührt die Abnahme der Strahlung wahrscheinlich von Trübungen in hohen Schichten her.

Die mittags ausgeführten Beobachtungen in Rot und Blau, im ganzen 77 Werte, sind ebenfalls in Tab. 8 enthalten, und zwar in ihrem Verhältnis zum Gesamtwert ($\times 100$). Der rote Anteil schwankt sehr stark im Laufe des Jahres. Am 14. Juni (Sonnenhöhe 59°) entfielen von der Gesamtstrahlung 48.1 % auf die Wellenlängen über 570 µµ — das ist die recht gut definierte Absorptionsgrenze des roten Glases, vgl. S. 25 — am 22. Dezember (12° Sonnenhöhe) dagegen 68.0 %. Man erhält also eine deutliche Abhängigkeit von der Sonnenhöhe: Je höher die Sonne steht, um so geringer ist der Anteil der großen Wellenlängen an der Gesamtstrahlung. Innerhalb desselben Monats treten die höchsten Werte in Rot ein bei dunstigem Himmel, also an Tagen, wo die Gesamtstrahlung am kleinsten ist. Trübung der Atmosphäre wirkt demnach in demselben Sinne, als wenn die Strahlen eine größere Weglänge in der Luft zurückzulegen haben. Dagegen ergibt die Messung mit dem Blaufilter fast gar keine Schwankung im Laufe des Jahres: Bei allen Sonnenhöhen und bei jedem Wetter läßt es denselben Anteil der Gesamtenergie durch. Die Hauptdurchlässigkeit des Filters liegt bei den Wellenlängen 300—400 µµ, doch läßt es auch einige rote und ultrarote Strahlen durch. Es wird bei zukünftigen Messungen besser durch ein geeigneteres Filter zu ersetzen sein.

Abgesehen von den Mittagswerten wurde das gesamte mit M 15 erhaltene Material nach Sonnenhöhen gruppiert. Die Tab. 10 enthält die Mittelwerte, sowie die Höchst- und Tiefstwerte bei den Sonnenhöhen 5°, 10°, 15°, 20°, 30°, 40° und 50°. Die aus diesen Mittelwerten gezeichnete Kurve (Figur 3, Kurve 1) stellt gewissermaßen die Normalkurve für Kolberg dar. Man erkennt in der Tab. 10 die großen Schwankungen, denen auch bei gleicher Weglänge durch die Atmosphäre die Sonnenstrahlung ausgesetzt ist. Höchstwert zu Tiefstwert verhalten sich bei 10° (Luftmasse 5.8) wie 3.5:1, bei 30° (Luftmasse 2) wie 2.1:1 und bei 50° (Luftmasse 1.4) wie 1.5:1. Die Tabelle 11 gibt die Mittel-, Höchst- und Tiefstwerte in den einzelnen Monaten für 10°, 15°, 20° und 30°. Bei gleicher Weglänge wird die Strahlung am

Tab. 10. Mittel-, Höchst- und Tiefstwerte der Wärmestrahlung bei verschiedener Sonnenhöhe.

Sonnen-höhe	Gesamtstrahlung					Rot-Blau-strahlung		
	Anzahl der Messungen	Mittel gr/kal.	Maximum		Minimum		Anzahl	Rot %	Blau %
			gr/kal.	Datum	gr/kal.	Datum			
5°	18	0.445	0 645	22. IX.	0.242	22. XII.	—	—	—
10°	48	0.637	0.922	23. XI.	0.270	11. VIII.	7	65.4	20.1
15°	72	0.802	1.104	23. XI.	0.474	11. VIII.	31	59.5	20.1
20°	103	0.913	1.190	26. III.	0.539	15. VII.	—	—	—
30°	141	1.033	1.322	1. IV.	0.609	12. VII.	58	54.4	19.8
40°	91	1.118	1.358	18. IV.	0.734	12. VII.	—	—	—
50°	57	1.171	1.403	2. V.	0.914	15. VII.	—	—	—

stärksten geschwächt im Hochsommer, wenn der Wasserdampfgehalt der Luft am stärksten ist, am wenigsten im März, Oktober, und, wie die allerdings nicht sehr zahlreichen Messungen bei 10° und 15° zeigen, bei Einzelwerten im Winter. Die Mittelwerte des Winters sind aber, weil sie durch die verhältnismäßig zahlreichen Dunsttage gedrückt werden, tiefer als die Frühjahrs- und Herbstwerte. Im Sommer werden etwa 30% von der Strahlung mehr von der Atmosphäre verschluckt als im Frühjahr und Herbst.

Tab. 11. Monatliche Mittel-, Höchst- und Tiefstwerte der Wärmestrahlung in verschiedener Sonnenhöhe.

Monat	10⁰				15⁰				20⁰				30⁰			
	Anzahl	Mittel	Max.	Min.	Anzahl	Mittel	Max.	Min.	Anzahl	Mittel	Max.	Min.	Anzahl	Mittel	Max.	Min.
April	8	0.607	0.778	0.385	8	0.845	0.941	0.578	15	0.945	1.137	0.914	20	1.175	1.322	0.981
Mai	7	0.661	0.756	0.612	9	0.807	0.942	0.671	15	0.944	1.098	0.758	20	1.084	1.245	0.686
Juni	2	(0.792)	0.793	—	8	0.823	0.936	0.739	13	0.866	1.046	0.690	23	1.041	1.213	0.775
Juli	4	0.504	0.606	0.436	7	0.644	0.777	0.588	17	0.745	0.898	0.539	27	0.881	1.044	0.609
August	7	0.488	0.772	0.270	15	0.700	0.929	0.474	15	0.828	1.028	0.580	26	0.973	1.170	0.660
September	4	0.752	0.851	0.681	6	0.927	0.991	0.866	11	0.991	1.104	0.752	13	1.135	1.305	0.833
Oktober	4	0.680	0.781	0.490	4	0.879	0.950	0.725	5	1.004	1.109	0.890	3	1.260	1.290	1.242
Nov.-Jan.	4	0.737	0.922	0.549	3	0.866	1.104	0.549	—	—	—	—	—	—	—	—
Februar	5	0.605	0.684	0.480	8	0.809	0.925	0.640	4	0.916	1.029	0.640	—	—	—	—
März	3	0.783	0.880	0.707	4	0.963	1.068	0.902	8	1.076	1.190	1.002	8	1.268	1.319	1.209

In der Tabelle 11 sind die Messungen zusammengefaßt ohne Rücksicht darauf, ob sie am Vor- oder Nachmittag erhalten wurden. Aus der Tabelle 12 ergibt sich der Unterschied zwischen auf- und absteigender Kurve in den einzelnen Monaten. Insgesamt ist beispielsweise bei 30⁰ an 42 Tagen sowohl am Vor- als auch am Nachmittag beobachtet worden. Dabei wurde 11 mal ungefähr derselbe Wert, 12 mal am Nachmittag, 19 mal am Vormittag ein merklich höherer Stahlungswert gefunden. Im Frühjahr sind häufiger die Vormittage höher, dagegen im Hochsommer (Juli—August) deutlich umgekehrt die Nachmittagswerte. Es ist also an der Küste anders als in Potsdam und Davos, wo infolge der durch die Bodenerwärmung verursachten aufsteigenden Luft die Nachmittagswerte im Sommer tiefer liegen. Das entgegengesetzte Verhalten an der Küste erklärt sich vielleicht aus dem Wechsel zwischen Land- und Seewind. Ein Vergleich der gleichzeitigen Staubkernmessungen und der 3 mal täglich angestellten Windbeobachtungen in Kolberg mit den Strahlungsmessungen ergibt allerdings keine rechte zahlenmäßige Bestätigung dieser Ansicht.

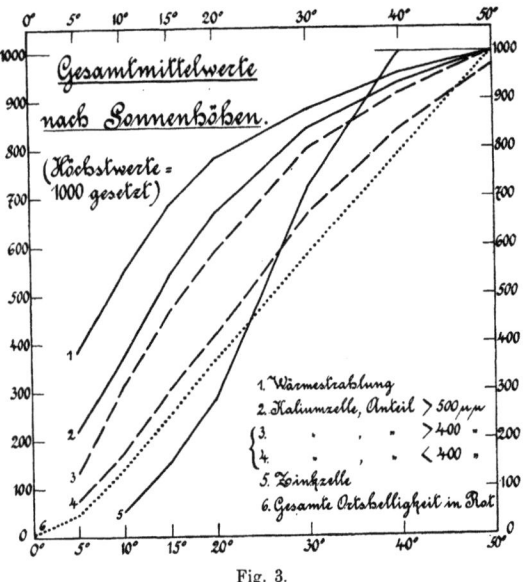

Fig. 3.

Tab. 12. Unterschied der Wärmestrahlung am Vor- und Nachmittag.

Monat	20⁰				30⁰			
	Anzahl	Vm +	Nm +	Vm = Nm	Anzahl	Vm +	Nm +	Vm = Nm
April	3	2	—	1	5	3	—	2
Mai	4	4	—	—	5	2	1	2
Juni	2	1	1	—	8	2	3	3
Juli	2	1	1	—	10	1	7	2
August	0	—	—	—	8	1	6	1
September	2	—	2	—	4	1	2	1
Oktober	1	1	—	—	0	—	—	—
Februar	1	—	—	1	—	—	—	—
März	3	—	2	1	2	1	—	1
Summe	18	9	6	3	42	11	19	12

Die monatlichen Mittelwerte des roten und blauen Anteils bei 30⁰ und 15⁰ Sonnenhöhe enthält die Tab. 13. Ein regelmäßiger Einfluß der Jahreszeit ist hier kaum vorhanden. Am höchsten scheinen die Rotwerte im Hochsommer und Winter zu sein, also bei größtem Wasserdampf- und Dunstgehalt der bodennahen Luftschichten. Für Rot 30⁰ sind außerdem die Höchst- und Tiefstwerte hinzugefügt. Innerhalb desselben Monats kann der Anteil des roten Glases ganz erheblich schwanken. Wie schon bei den Mittagswerten gefunden wurde, hängt das allein von dem Dunst- und Wasserdampfgehalt der Atmosphäre, im wesentlichen also vom absoluten Wert der Gesamtstrahlung ab. So entsprach dem Höchstwert 63.2 % bei 30⁰ im Juli nur eine Strahlung von 0.609 gr/kal., dem Höchstwert 67.6 % bei 15⁰ im November nur ein Strahlungswert von 0.549 gr/kal. Als Mittel aller Einzelmessungen im Rot bei 30⁰ ergibt sich 54.4, bei 15⁰ 59.5, bei 10⁰ (7 Messungen, die alle in den April und Mai fallen) 62.5 %.

Um die tägliche Schwankung der Sonnenstrahlung in Kolberg in den einzelnen Monaten zu erhalten, kann man nicht wie oben bei Berechnung der Strahlung in gleicher Sonnenhöhe wahllos alle gemessenen Werte benutzen. Man würde dadurch Sprünge und Ab-

Tab. 13. Monatliche Mittelwerte, Höchst- und Tiefstwerte der blauen und roten Wärmestrahlung.

Monat	15⁰			30⁰				
					Rot			
	Anzahl	Rot	Blau	Anzahl	Mittel	Max.	Min.	Blau
April . . .	5	60.2	19.7	11	53.4	55.8	50.4	19.8
Mai	3	58.1	20.7	17	55.1	60.4	53.4	20.0
Juni . . .	5	59.2	20.6	11	53.0	58.4	51.0	19.9
Juli	5	60.5	20.1	16	54.9	63.2	50.5	19.6
September .	4	56.5	19.9	—	—	—	—	—
Oktober . .	2	59.1	19.9	—	—	—	—	—
Nov.-Febr. .	4	62.2	19.9	—	—	—	—	—
März . . .	3	59.4	19.7	2	54.0	55.2	52.7	19.5

weichungen hineinbekommen, die nicht reell sind, oder man müßte, was aber m. E. besser vermieden wird, viel extrapolieren. Infolgedessen war es nötig, sich hier nur auf diejenigen Halbtage zu beschränken, an denen entweder von morgens bis mittags oder von mittags bis abends lückenlos durchgemessen worden ist. Außerdem sind noch einige wenige Kurven fortgelassen worden, wo offensichtlich eine große Fälschung des Ganges eingetreten war, also etwa vormittags eine starke Abnahme oder nachmittags Zunahme der Strahlung. Die so erhaltenen Vormittags- und Nachmittagsmittelkurven sind nicht streng miteinander vergleichbar, weil sie sich nicht auf dieselben Tage beziehen. Würde man sich auf die Tage beschränken, an denen von morgens bis abends lückenlos durchgemessen worden ist, so würde einmal das Material oft dürftig werden und dann noch nicht viel gewonnen sein; denn es kommt häufig vor, daß die Nachmittagswerte desselben Tages infolge Änderung der Wetterlage einen ganz anders gearteten Gang aufweisen als die Vormittagswerte. Im Winter waren die Messungen so spärlich, daß die Monate November bis Februar zusammengefaßt werden mußten. Die Tab. 14 und die Fig. 4 enthalten die 9 so entstandenen täglichen Gänge. Die absoluten Werte sind bei allen Sonnenhöhen am größten im Frühjahr und Winter, am kleinsten im Sommer. Die genaue Reihenfolge bei den Nachmittagskurven ist: März, April, September, Winter, Oktober, Mai, Juni, August, Juli. Die Schwächung der Strahlung in den Mittagsstunden ist ebenfalls am stärksten

Tab. 14. Täglicher Gang der Wärmestrahlung nach Sonnenhöhen.

Monat	Anzahl	Vormittag											Anzahl	Nachmittag										
		5⁰	10⁰	15⁰	20⁰	25⁰	30⁰	35⁰	40⁰	45⁰	50⁰	55⁰		55⁰	50⁰	45⁰	40⁰	35⁰	30⁰	25⁰	20⁰	15⁰	10⁰	5⁰
April . .	4	—	—	—	073	155	208	257	300	343			4		347	311	268	206	131	034	903	720	407
Mai . . .	6	—	—	—	989	083	140	205	237	278	307	327	6	327	317	291	252	209	156	066	987	842	671	340
Juni . .	9	—	—	—	984	042	105	154	187	209	232		7	201	180	158	121	083	033	965	874	773		
Juli . .	7	—	—	—	793	862	941	991	052	108	153		7	167	141	108	064	027	968	887	783	675	492	—
August. .	9	—	—	—		950	007	056	085	137			9		129	100	083	059	012	932	830	691	500	—
Sept. . .	5	—	—	—	020	095	156	205	238				5			231	192	155	093	013	897	756	540	
Oktober .	2	—	632	830	999	154							3					120	007	851	644	385		
Nov.-Febr.	5	368	687	862	054								6						010	863	678	426		
März . .	3	—	—	—	045	153	248						4					301	266	201	112	990	797	
Mittel . .	50				(030)	(059)	087	120	166	189	190	237	51	232	192	201	177	164	114	049	961	832	657	420

im Sommer, und zwar war sie im Jahre 1914 im August verhältnismäßig stärker als im Juli. In den späten Abendstunden liegen die Frühjahrswerte oft tiefer als die Herbst- und Winterwerte. Bei den kleinen Sonnenhöhen unter 4° sind übrigens in der Fig. 4 die Strahlungswerte zu groß eingezeichnet worden.

Die Berechnung der Jahresmittelkurve aus den 9 Monatskurven würde wegen der fehlenden Frühbeobachtungen nur bei den größeren Sonnenhöhen vergleichbare Werte geben. Die Nachmittagsmittelwerte für 20° und 15° liegen um etwa 5 % höher als die früher aus allen Beobachtungen abgeleiteten; offenbar, weil einige stark gestörte, durch Dunst herabgeminderte Zahlen in den Monatsmittelwerten fortgelassen worden sind. Die Nachmittagskurven sind im

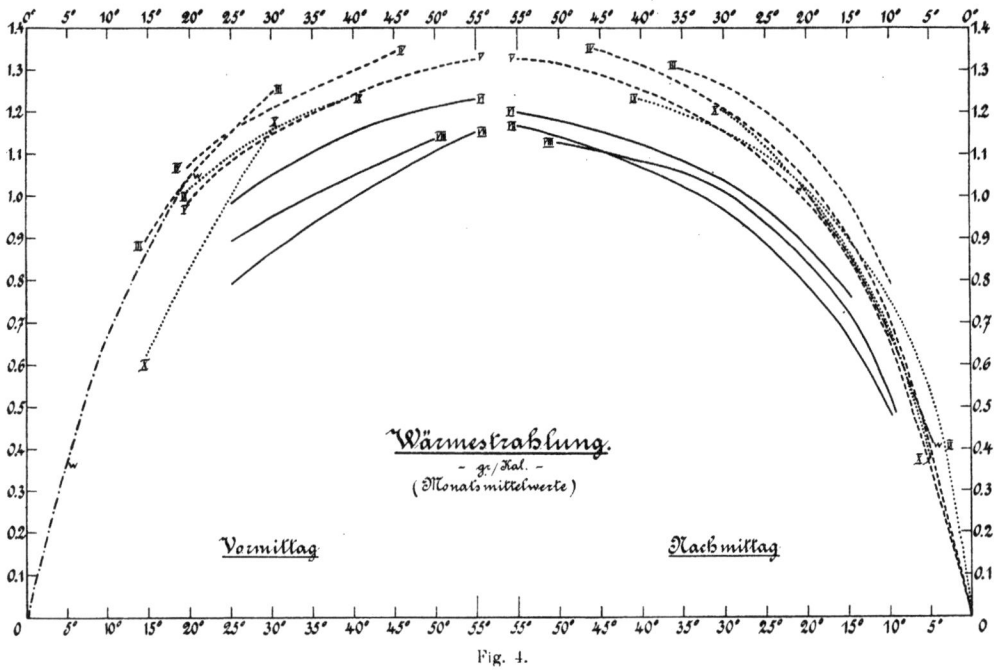

Fig. 4.

Jahresmittel durchweg höher als die Vormittagskurven, oder anders ausgedrückt: Der Anstieg der Strahlung vollzieht sich an der Küste schneller als der Abfall.

Aus den Monatsmittelkurven wurden die Wärmesummen berechnet, die in Kolberg dem Erdboden zugeführt werden. Zu dem Zweck ist zunächst, ähnlich wie das an anderen Orten geschehen ist, für die Monatsmitte die Sonnenhöhe zu jeder vollen Stunde ermittelt und

Tab. 15. Mittelwerte der Wärmestrahlung bei senkrechter Inzidenz zu den vollen Tagesstunden. (gr/kal. × 100.)

Mittlere Ortszeit	4^a	5^a	6^a	7^a	8^a	9^a	10^a	11^a	Mittag	1^p	2^p	3^p	4^p	5^p	6^p	7^p	8^p
16. Januar						44	68	81	85	82	71	50	01				
14. Februar					44	79	95	108	116	108	96	83	52				
16. März				55	92	109	120	128	132	130	125	118	104	70			
15. April			62	102	115	124	131	134	135	134	131	126	113	96	57		
16. Mai		53	84	105	118	125	130	132	133	133	131	126	117	105	84	53	
15. Juni	15	54	82	100	112	118	122	124	125	121	119	115	109	99	83	55	15
16. Juli		42	65	82	94	103	111	115	117	116	114	110	103	90	73	44	
16. August		19	59	80	94	102	107	111	113	112	110	106	98	83	59	22	
15. September			08	71	102	113	119	122	123	121	118	113	100	75	91		
16. Oktober				14	66	90	109	117	121	114	104	85	59	04			
15. November					15	62	83	92	96	89	76	56	08				
16. Dezember						31	60	73	79	75	59	26					

ihr aus den Monatsmittelwerten der dazu gehörige Strahlungswert zugeordnet worden. Die fehlenden Vormittagswerte wurden dabei durch die Nachmittagswerte ergänzt. Das ergab die Tab. 15. Aus ihr ersieht man einmal die schon bekannten jahreszeitlichen Schwankungen zur Mittagszeit (Max. April, Min. Dezember, 2. Max. September, 2. Min. August), ferner die Unterschiede zu allen Tageszeiten. Um 8 Uhr morgens war beispielsweise die Strahlung am stärksten im Mai, im September betrug sie wieder 10 % mehr als im Juli und August. Nachmittags dagegen ist diese Sommerdepression weniger ausgeprägt: Die Strahlung nimmt im großen und ganzen um 4 Uhr langsam zum Herbst hin ab.

Nach einfacher planimetrischer Auswertung erhält man aus der Tab. 15 die Wärmesummen der einzelnen Stundenintervalle und Tage, gültig für die zur Sonnenrichtung senkrechte Fläche. (Vgl. erste Reihe der Tab. 16.) Durch Multiplikation mit dem Sinus der Sonnen-

Tab. 16. Wärmesummen für die Monatsmitte, gr/kal. min., in Kolberg.

	16. Jan.	14. Febr.	16. März	15. April	16. Mai	15. Juni	16. Juli	16. Aug.	15. Sept.	16. Okt.	15. Nov.	16. Dez.	Jahressumme
Für die Ebene, senkrecht zur Sonnenstrahlung, wolkenloser Tag	292	471	716	882	983	945	836	758	718	543	346	240	235 300
Wagerechte Ebene, wolkenloser Tag	59	142	301	460	580	580	516	421	333	188	81	38	112 800
Wagerechte Ebene unter Berücksichtigung des 26 j. mittl. Sonnenscheins	14	42	109	226	346	358	313	238	180	72	19	7	58 700

höhe in Tab. 15 und erneutes Ausplanimetrieren ergaben sich die Wärmesummen, gültig für die wagerechte Fläche und wolkenlosen Himmel (zweite Reihe der Tab. 16). Als Gesamtsumme für das Jahr bei wolkenlosem Himmel erhält man daraus für Kolberg (1914/15) 112 800 gr/kal. min. gegenüber 117 400 in Potsdam[1]) (1907—1911), ein für Kolberg ebenso hoher Wert wie in Potsdam, wenn man die im Durchschnitt in Kolberg mittags 2—3° tiefere Sonnenhöhe in Betracht zieht.

Nun ist noch der Einfluß der Bewölkung zu berücksichtigen. Zu dem Zweck zieht man am besten den mit dem Campbell-Stokes registrierten Sonnenschein heran. In Kolberg ist seit 1890 ein solcher Sonnenscheinautograph auf dem Fort Münde aufgestellt, der im Beobachtungsjahre 1914/15 mit einem Berliner Normalapparat verglichen wurde. Es ergaben sich dabei keine wesentlichen Abweichungen. Die Multiplikation der 26jährigen Normalwerte der Sonnenscheindauer für Kolberg für jedes Stundenintervall in den einzelnen Monaten mit den für die Monatsmitte berechneten Wärmesummen desselben Intervalls lieferte die Wärmesummen der dritten Reihe der Tab. 16. Das ergibt eine mittlere Jahressumme von 58 700 gr/kal. gegenüber 53 660 in Potsdam. Dabei beruht die Kolberger Zahl auf den Strahlungsmessungen des einen Meßjahres 1914/15, das übrigens wegen seines reichlichen Sonnenscheins eine Wärmesumme von etwa 61 000 gr/kal. hatte, während die Potsdamer Zahl sich auf Strahlungsmessungen von 1907—1911 stützt. Trotzdem die mögliche Wärmemenge in Kolberg wegen des höheren Breitengrades und der kleineren Sonnenhöhe in den Mittagsstunden nicht so groß ist als in Potsdam, wird wegen der sehr viel günstigeren Bewölkung der Frühjahrs- und ersten Sommermonate die wirkliche Wärmesumme in Kolberg erheblich (etwa 10 %) größer als im Binnenland.

Die Kolberger Wärmemenge ist höher als an allen anderen Orten Mittel- und Nordeuropas (Wien, Potsdam, Warschau, Stockholm). Nur an die Erwärmung des Hochgebirges (Davos etwa 78 000 gr/kal.) reicht die an der hinterpommerschen Küste natürlich nicht entfernt heran. Im Winter (Oktober bis Februar) ist übrigens die Wärmemenge in Kolberg kleiner als in Potsdam, im August an beiden Orten gleich, in allen übrigen Monaten überwiegt Kolberg. Die 58 700 gr/kal. bedeuten 52 % der für die wagerechte Fläche möglichen Erwärmung, 25 %

---

[1]) W. Marten, Ergebnisse der Meteorologischen Beobachtungen in Potsdam im Jahre 1908 und 1912, Berlin, Behrend & Co.

der für die stets zur Sonnenrichtung senkrechten Fläche möglichen (gegenüber 46 und 22 %
in Potsdam).

In gleicher Höhe gemessen, ist in Kolberg die Wärmestrahlung etwas größer als in
Potsdam, wie aus dem Vergleich der gleichzeitigen Beobachtungen folgt. Von 115 Halbtagen
der Meßzeit 1914/15 war an 75 Halbtagen die Strahlung in Kolberg merklich höher. In den
Monaten April bis Juni ist sie etwa 4mal so häufig höher, im Herbst doppelt so häufig,
während im Hochsommer und Winter Potsdam ungefähr gleich Kolberg war. Im einzelnen
sind die Unterschiede oft recht beträchtlich. So ist 6mal zwischen beiden Orten ein Unterschied von über 0.3 gr/kal. vorhanden, darunter 4mal höhere Werte in Kolberg. Im Mittel ist
an der pommerschen Küste offenbar wegen der größeren Reinheit der Luft die Wärmestrahlung
in gleicher Sonnenhöhe um 0.05 gr/kal. größer.

Transmissionskoeffizienten. Reduziert man die Monatsmittelwerte der Tab. 14
auf mittleren Sonnenabstand (größte + Korrektion Juli + 3.3 %, größte — Korrektion Januar
— 3.1 %), so erhält man aus der Bouguerschen Formel[1] $J = J_0 a^z$, wenn man die Solarkonstante $J_0 = 1.93$ gr kal. setzt, bei 15° Sonnenhöhe (Weglänge $z = 3.86$) folgende Transmissionskoeffizienten a

Winter	16. III.	16. IV.	16. V.	16. VI.	16. VII.	16. VIII.	16. IX.	16. X.	Mittel
0.806	0.840	0.824	0.812	0.796	0.769	0.772	0.823	0.808	0.806

Am größten war also die Durchlässigkeit der Erdatmosphäre im März, April und September,
dann im Mai, Oktober und Winter, am kleinsten im Juli und August. Das Gesamtmittel 0.81
entspricht genau dem von Marten für Potsdam aus den Jahren 1909—1911 berechneten Mittelwert. Die Kolberger Sommerwerte liegen tiefer, dagegen die Frühjahrs- und Herbstwerte höher
als in Potsdam.

Als mittlerer Transmissionskoeffizient der Werte 15° auf 30° der Tab. 10 berechnet sich
für die Gesamtstrahlung 0.855, für den roten Anteil 0.897, für den blauen Anteil 0.860.

4. Das blauviolette Sonnenlicht.

a) Apparatur. Messungen dieser Strahlengattungen sind am ehesten und häufigsten
ausgeführt worden, meist auf photochemischem Wege. Dorno[2] ist sehr ausführlich auf die
photographischen Methoden eingegangen und hat auf Grund seines reichen, nach dem WeberKönigschen Verfahren erhaltenen Materials gezeigt, daß selbst bei größter Gewissenhaftigkeit
Mängel dieser Methoden bestehen bleiben. Vor allem ist der wirksame Spektralbereich schlecht
definiert und dann sind Empfindlichkeitsänderungen des photographischen Papiers schwer zu
vermeiden.

Es wurde daher für Kolberg nach den günstigen Erfahrungen von Elster und Geitel[3]
die Verwendung lichtelektrischer Zellen in Aussicht genommen. Am geeignetsten für das blauviolette Licht erschien eine Kaliumzelle, die ihre Hauptwirkung bei den Wellenlängen um
400 μμ herum aufweist[4]. Bei dem im Herbst 1913 gelieferten Kaliumphotometer in der Ausführung von Günther und Tegetmeyer war die in einer Argon-Atmospäre und auf Uviolglas
befindliche Zelle fest in ein Metallgestell eingebaut. Das Licht gelangt annähernd diffus und
unpolarisiert zur Zelle durch ein Uviolmattglas aus Quarz. Auf diese Mattscheibe war bei der
Kolberger Zelle ein geschwärzter Metalltubus von 19 cm Länge und 4 cm innerer Weite gesetzt,
der vermittelst eines Suchers auf die Sonne eingestellt werden konnte. Insgesamt wirkt außer
der Sonne noch ein Himmelsstück von 7° Radius auf die Zelle ein. Durch eine vor der Mattscheibe befindliche Irisblende ließ sich das Sonnenlicht dosieren und ferner durch einschiebbare
Farbglasfilter in Spektralteile zerlegen.

---

[1] Die natürlich, streng genommen, auf die aus allen Spektralteilen zusammengesetzte Wärmestrahlung nicht
anwendbar ist.

[2] C. Dorno, Studie S. 5 und Himmelshelligkeit, Himmelspolarisation und Sonnenintensität in Davos, Abhandlungen des Preuß. Meteorol. Instituts, Bd. VI, Berlin 1919, S. 229, 269.

[3] J. Elster und H. Geitel, Phys. Zeitschr. **13**, 739, 1912. **14**, 741, 1913. **15**, 610, 1914.

[4] Vgl. die Tabelle bei J. Elster und H. Geitel, Phys. Zeitschr. **15**. 6, 1914.

Weil für die Beobachtungen am Kolberger Strand ein empfindliches Galvanometer mit Fernrohrablesung nicht in Betracht kommen konnte, wurden anfangs Versuche mit einem Fadenelektrometer und großer Hilfskapazität angestellt. Negative Ladungen wurden aber selbst bei kleinster Blende und vorgeschalteten Filtern augenblicklich durch das Sonnenlicht entladen. Erst rotes Glas dämpfte die Abfallzeit auf Sekunden herunter. Dagegen wäre, wie einige Versuche zeigten, diese elektrometrische Meßmethode gut anwendbar bei der Himmelsstrahlung. Für die direkte Sonnenstrahlung mußte die galvanometrische Methode beibehalten werden, und zwar wurde ein Zeigergalvanometer (Millivoltmeter) von Siemens & Halske benutzt mit einem Meßbereich von 200 Skalenteilen (1 Sk.-T. = 1.5×10^{-7} Amp.). Als Hilfsspannung diente eine Zehnder-Akkumulatorenbatterie von 20 Zellen.

Die Wahl der Lichtfilter war nicht einfach. Ihre Eigenschaft, daß der durchgelassene Spektralbereich fast nie völlig scharf begrenzt ist, wird gerade bei der Kaliumzelle, die auf bestimmte Wellenlängen verhältnismäßig stark anspricht, von Einfluß sein. Es schien erwünscht, dieselben Filter wie bei der Wärmestrahlung und bei den Helligkeitsmessungen zu verwenden. Das dort benutzte Rotfilter Schott F. 4512 ergab jedoch in dem unempfindlichen Zeigergalvanometer überhaupt keinen merklichen Ausschlag; auf das 2 mm dicke grüne Filter Schott F. 4930, dessen Hauptdurchlässigkeit bei den Wellenlängen 550 bis 500 μμ liegt, entfielen etwa 7 % des Gesamtausschlages. Dieser an sich kleine Wert ließ sich durch größere Blendenöffnungen steigern, sodaß das Grünfilter verwandt werden konnte. Das blaue Glas Schott F. 3873 absorbierte etwa zwei Drittel vom Gesamtausschlag. Das übrig bleibende Drittel verteilt sich auf 480 bis 380 μμ und schien daher für eine Bestimmung der Transmissionskoeffizienten wenig geeignet. Das in der Wärmestrahlung verwandte und, wie wir sahen, auch dort wenig geeignete Blauuviolglas Schott F. 3653 nahm merkwürdigerweise 88 % fort, vielleicht wegen seiner dunkeln Farbe. Fensterglas absorbierte etwa 8—10 % der Gesamtstrahlung. Dieses Filter war aber entbehrlich, weil das eigentliche ultraviolette Licht durch eine Zinkzelle gesondert gemessen wurde. Am geeignetsten erschien ein Filter, das bei der Kaliumzelle ungefähr eine Trennung bei 400 μμ vornimmt. Das versprach am besten ein etwa 20 mm dickes schweres Silikat-Flintglas Schott O 4818 (198), das für Wellenlängen unter 384 μμ vollkommen und für 405 μμ fast ganz undurchlässig ist. Von der Wärmestrahlung der Sonne verschluckt dieses Flintglas etwa 21 %. Vor dem Zinkkugelphotometer und der Zinkzelle löschte es wie eine Metallplatte die Sonnenwirkung vollkommen aus, sodaß also die Bedingung, alles Ultraviolett zu absorbieren, in der Tat erreicht war.

Bedingung für ein gutes Arbeiten mit der argongefüllten Kaliumzelle ist die Konstanz der angelegten Batteriespannung, die daher vor jeder Messung mit einem Wulf-Elektrometer bestimmt wurde. In Kolberg ließ es sich leider nicht immer vermeiden, daß diese Spannung hin und wieder merklich unter die Normalspannung der Zehnderbatterie von 43 Volt ging. Die Reduktion auf 43 Volt ist dann, wie sich aus mehreren Versuchen ergab, gerade bei 40 Volt nicht linear, wenigstens nicht bei größeren Photoströmen, sodaß auch die Umrechnung auf 43 Volt von Fall zu Fall sich änderte. Am Anfang der Beobachtungszeit, im April und Mai 1914, ist hierdurch eine gewisse Unsicherheit in die Werte hineingekommen.

Ebenso konstant wie die Batteriespannung wurde die Blendenöffnung gehalten, um Fehler zu vermeiden, die durch die Irisblende selber, durch Nichtproportionalität zwischen Photostrom und Fläche, sowie durch die Sonnenumgebung entstehen können. Es wurde bei allen Sonnenhöhen mit Blendenöffnung 15 mm, beim Grünfilter mit 30 mm gemessen.

Da in Potsdam mit einer zweiten Zelle gleichzeitige Beobachtungen angestellt werden sollten, wurden seit Oktober 1913 Parallelbeobachtungen zwischen beiden Zellen ausgeführt, Versuche, die durch den Krieg unterbrochen worden sind und erst im Jahre 1919 zu Ende geführt werden konnten. Vor allem dem rastlosen Bemühen von Prof. Kühl ist es gelungen, Aufklärung über manches eigentümliche Verhalten der Zellen zu erhalten[1]). Während meiner und Herrn Kühls militärischer Einberufung hat Herr Barkow diese Versuche fortgesetzt und veröffentlicht[2]). Schon bald nach Beginn der Parallelbeobachtungen im Herbst 1913 stellten sich Zweifel ein, ob durch die großen Photoströme nicht doch Veränderungen der Zelle und

---

[1]) W. Kühl: Erfahrungen und Versuche mit den Photozellen des Potsdamer Observatoriums. Bericht über die Tätigkeit des Preuß. Meteorol. Instituts in den Jahren 1917—1919, S. 101.

[2]) E. Barkow: Phys. Zeitschr. **18**. 214, 1917.

damit Fälschungen der Ausschläge eintreten können. Nach den ersten Erfahrungen von Elster und Geitel schien zwar damals eine Belastung der Zellen bis 10^{-5} Amp., wie sie bei Verwendung eines Zeigergalvanometers eintreten müssen, unbedenklich. Erst später warnen die beiden Forscher vor stärkerer Beanspruchung als 10^{-6} Amp. Daß bei der Kolberger Zelle zum Teil in einem Bereich gemessen wurde, der keinem normalen Zustand der Zelle mehr entsprach, geht schon aus der Form der bei wechselnder Spannung erhaltenen Photostromkurven hervor. Das einfachste Mittel, solche Änderungen der Zelle festzustellen, ist eine Eichung durch eine konstante Lichtquelle. Das ist schon 1913 versucht worden, aber damals an den noch zu unvollkommenen Meßeinrichtungen des Observatoriums Potsdam gescheitert. Seit dem Frühsommer 1919 werden beide Zellen, Potsdam und Kolberg, auf eine optisch 25-kerzige Glühlampe bezogen und seit dieser Zeit sind stärkere Empfindlichkeitsänderungen nicht eingetreten. Für die vorhergehenden Jahre bleibt als einziges Maß dafür das Verhältnis der beiden Zellen. Im Februar 1914 ergab sich vor der Sonne (18⁰ Höhe) für das Verhältnis Potsdam : Kolberg 1.33, im März 1914 vor einer Nernstlampe 1.30, im März 1915 in Kolberg vor der Sonne (7⁰ Höhe) 1.28, im Mai 1919 vor Sonne (10—60⁰ Sonnenhöhe), 1.63 und seit dem 31. Mai bis zum August 1919 2.1. Wenn man die Annahme macht, daß die wesentlich weniger belastete Potsdamer Zelle sich nicht geändert hat, so würden die Zahlen besagen: Die Kolberger Zelle ist während der Meßzeit in Kolberg 1914/15 konstant geblieben, ist dann im Laufe der 4 Jahre 1915—1919 (vielleicht bei Herrn Barkows Versuchen im Jahre 1916?) um fast 20 % unempfindlicher geworden, ebenso um weitere 30 % mitten in den neuen Vergleichsmessungen, ist aber dann wieder konstant geblieben. Vielleicht ist aber auch die Potsdamer Zelle im Laufe der Zeit etwas empfindlicher geworden.

Wird bei diesen Vergleichsmessungen die Blendenöffnung der Kolberger Zelle etwa von 3 auf 15 mm vergrößert, während sie bei der Potsdamer Zelle auf 3 bleibt, so findet sich bei großen Photoströmen (oder starker Sonne) das Verhältnis Potsdam : Kolberg zu klein. Bei großen Photoströmen wird also der Ausschlag der Kolberger Zelle künstlich erhöht, jedoch leidet die Zelle dabei nicht, denn bei kleinen Strömen (also etwa bei kleinerer Blende oder vorgeschaltetem Farbfilter) ergibt sich gleich darauf das richtige Verhältnis. Durch eine Reihe von Versuchen vor der Sonne und vor einer 500-kerzigen Glühlampe wurde für alle Photostromstärken die Schwächung des Stromes durch eine Gitterblende ermittelt. Meistens ist dabei folgende Nullmethode angewandt worden: Als Normalzelle diente die unter schwachem Strom gehaltene Potsdamer Zelle, die in Brückenschaltung mit einem Rheostaten gegen die Kolberger Zelle lag. Der der Zelle Kolberg entsprechende Brückenwiderstand wurde solange geändert, bis ein empfindliches Galvanometer stromlos war. Aus dem Verhältnis der Widerstände läßt sich dann leicht die Wirkung der Gitterblende berechnen. So ließ sich zeigen, daß die Kolberger Zelle bis zu etwa 0.50×10^{-7} Amp. richtige Photoströme anzeigt. Bei größeren Stromstärken erhöhen sich die Werte, und zwar beträgt diese Fälschung bei 10^{-6} etwa $2^1/_2$ %, bei 10^{-5} Amp. 22 % und bei dem größten Ausschlag des in Kolberg benutzten Zeigergalvanometers 3×10^{-5} Amp. schon 100 %.

Die Erklärung für dieses Verhalten der Zelle ist offenbar in Gasvorgängen, Stoßionisation, die stark mit der Belichtung wächst, zu suchen. Für zukünftige Messungen folgt das wichtige Ergebnis, daß nicht nur, wie Dorno[1]) bewiesen hat, mit Vakuumzellen einwandfreie Messungen der Sonnenhelligkeiten möglich sind, sondern auch mit argongefüllten, solange man mit schwachen Photoströmen, also kleinen Blenden, arbeitet.

Mit den oben gefundenen Korrektionen mußten sämtliche in Kolberg erhaltenen Werte umgerechnet werden. Bei den meisten Messungen in den kleineren Sonnenhöhen macht das nicht viel aus, wird aber im Sommer in den Mittagsstunden recht merklich. Dadurch ist nun freilich das Kolberger Material weit von der von Barkow[2]) geforderten Genauigkeit von 1 % entfernt. Aber selbst die sicher exakteren Michelson-Messungen bei der Wärmestrahlung hatten ja einen Spielraum von ± 2 %. Schätzungsweise betrug der Fehler bei der Kaliumzelle 1914/15 etwa das Doppelte. Nun kontrolliert sich das Meßmaterial einmal in sich selbst und dann durch die gleichzeitigen Beobachtungen der Wärmestrahlung. Dieser Vergleich ergibt soviel

---

[1]) C. Dorno, Phys. Zeitschr. **18**, 881, 1917.
[2]) a. a. O. S. 223. Die dort auf S. 225 mitgeteilten Ermüdungserscheinungen bei den Vergleichsmessungen zwischen Zelle Potsdam und Kolberg beruhen übrigens auf einem Irrtum.

Ähnlichkeit, daß größere Fehler in den Messungen mit der Kaliumzelle nicht mehr enthalten sein können.

b) Ergebnisse. In Kolberg wurde mit der Kaliumzelle beobachtet zu allen Sonnenhöhen, die ein Vielfaches von 5 waren, meistens kurz vor oder nach der Michelson-Messung. Es wurde schnell hintereinander festgestellt 1. der Gesamtausschlag bei Blende 15, 2. Ausschlag mit Flintglas bei Blende 15, 3. Ausschlag mit Grünfilter bei Blende 30 mm. Die Messung 3. gibt annähernd den Anteil der Wellenlängen $>500\,\mu\mu$, 2. den Anteil $>400\,\mu\mu$ und 1. minus 2. den Anteil der Wellenlägen $<400\,\mu\mu$.

Das gewonnene Material ist nicht minder umfangreich als bei der Wärmestrahlung. Zunächst seien wieder die Mittagswerte herausgegriffen. Die Tab. 17 enthält die Mittel-, Höchst- und Tiefstwerte in den einzelnen Monaten, und zwar sind die Zahlen relative Werte (Skalenteile des Galvanometers). Die Werte für die Wellenlängen >500 sind mit den anderen Zahlen erst vergleichbar, wenn man sie durch 4 teilt. Die Jahresschwankung dieses grünen Anteils (Fig. 2, Kurve 2), der im Winter etwa 10 %, im Mai nur 6 % des Gesamtausschlags der Zelle umfaßt, ist ganz ähnlich der Wärmestrahlung: höchste Werte im Frühjahr, deutliche Abnahme um etwa 20 % im Sommer, höhere, das Frühjahr nicht ganz erreichende Werte im September und

Tab. 17. Monatl. Mittel-, Höchst- und Tiefwerte, gemessen mit der Kaliumzelle am Mittag.

Monat	Anzahl der Messungen	Wellenlängen >500			Wellenlängen >400			Wellenlängen <400			Mittleres <400 >400
		Mittel	Max.	Min.	Mittel	Max.	Min.	Mittel	Max.	Min.	
April 14/15 .	15	19.5	22	13	40.8	47	25	39.1	49	18	0.96
Mai 14 . . .	13	20.0	22	17	44.5	51	34	45.5	53	32	1.02
Juni	16	19.7	22	15	43.9	50	31	43.3	50	27	0.99
Juli	18	17.4	21	13	38.7	48	25	37.1	48	23	0.96
August . . .	16	17.7	21	12	37.0	48	23	33.0	44	20	9.89
September . .	13	19.2	22	14	38.6	45	27	34.4	41	21	0.89
Oktober . . .	6	18.9	21	15	36.8	41	30	30.5	35	20	0.83
Nov.-Jan. 15	6	9.0	11	5	15.7	19	8	9.3	13	4	0.59
Februar . . .	5	11.0	14	5	21.6	28	8	16.2	22	6	0.75
März	6	19.5	21	15	37.0	42	30	31.5	41	22	0.85

Oktober, tiefste im Strahlungswinter (November bis Januar). Die Wellenlängen $>400\,\mu\mu$ (Fig. 2, Kurve 3) erreichen ihr Maximum im Mai—Juni, Minimum im Winter; der September zeigt ein aber schon kleineres sekundäres Maximum. Die Wellenlängen $<400\,\mu\mu$ (Fig. 2, Kurve 4) weisen noch eher einen einfachen Jahresgang auf: die höchsten Werte treten bei höchstem Sonnenstand, die tiefsten bei kleinster Sonnenhöhe ein, doch ist noch ein kleiner Anstieg im September vorhanden. In der letzten Reihe der Tab. 17 ist das mittlere Verhältnis der beiden Werte <400 zu >400 angefügt worden, das im Mai und Juni etwa 1, dagegen im Winter nur 0.6 beträgt. Man sieht, wie viel stärker mit zunehmender Weglänge die kleineren Wellenlängen geschwächt werden. Das Verhältnis des höchsten zum tiefsten Monatsmittel beträgt: bei der Wärmestrahlung 1.6, der Strahlung $>500\,\mu\mu$ 2.2, $>400\,\mu\mu$ 2.8, $<400\,\mu\mu$ 4.9 und bei der Zinkzelle 11.8. Es ergibt sich also deutlich eine größere Amplitude mit abnehmender Wellenlänge. Dorno erhielt in Davos für das photochemisch wirksame blauviolette Sonnenlicht mittags Höchstwerte im Mai und August, Tiefstwerte im Winter. In den Maximalwerten der einzelnen Monate der Tab. 17 tritt bei den Anteilen <400 und >400 nur ein einfacher jährlicher Gang hervor. Die kleinsten Werte liegen vor allem bei den Wellenlängen <400 bedeutend tiefer als die entsprechenden der Wärmestrahlung. Dunst wirkt also auf die kleineren Wellenlängen stärker lichtschwächend. Bei den Werten <400 ist der höchste Mittagswert 13 mal so groß als der tiefste.

Ähnlich wie bei der Wärmestrahlung sind dann die Zahlen der drei Kaliumzellenanteile nach Sonnenhöhen gruppiert worden. Die Tab. 18 gibt die Mittel-, Höchst- und Tiefstwerte sämtlicher Messungen von 5—50°; die Tabelle enthält außerdem das Verhältnis der beiden Anteile $<400\,\mu\mu : >400\,\mu\mu$. Während die Anteile bei 50° nicht sehr verschieden von einander sind, ist der Anteil $<400\,\mu\mu$ bei tiefer Sonnenhöhe fast nur halb so groß. Man sieht also wieder deutlich, wie mit zunehmender Weglänge die kleineren Wellenlängen viel stärker

Tab. 18. Mittel-, Höchst- und Tiefstwerte der Kaliumzelle, nach Sonnenhöhen.

Sonnenhöhe	Anzahl der Messungen	Wellenlängen >500			Wellenlängen >400			Wellenlängen <400			Mittleres <400 >400
		Mittel	Max.	Min.	Mittel	Max.	Min.	Mittel	Max.	Min.	
5^0	4	4	—	—	5.2	—	—	3	—	—	—
10^0	29	6.8	10	3	12.5	18	4	7.0	12	3	0.56
15^0	65	10.0	15	3	18.7	27	6	12.2	21	4	0.65
20^0	105	12.3	17	4	23.6	35	6	16.7	26	4	0.71
30^0	138	15.5	21	5.5	32.0	42	11	26.6	44	8	0.83
40^0	94	17.2	21	8.5	36.6	47	17	33.7	50	13	0.92
50^0	56	18.4	22	13	40.0	48	25	38.8	53	21	0.97

geschwächt werden. Nach der Tab. 18 sind die Kurven 2 bis 4 der Fig. 3 gezeichnet worden. Alle drei Kurven sind auf den Höchstwert 40.0 bei 50^0, Wellenlängen >400 bezogen, der gleich 1000 gesetzt wurde. Man sieht, daß 2 sich am ehesten der Kurve 1 der Wärmestrahlung nähert, dagegen 4 mit wachsender Sonnenhöhe, erst langsamer, dann stärker ansteigt. Die Tab. 19 bringt die Mittelwerte getrennt nach Monaten für 15—30^0. Die Ergebnisse sind denen

Tab. 19. Monatliche Mittelwerte der Kaliumzelle, nach Sonnenhöhen.

Monat	15^0				20^0				30^0			
	n	>500	>400	<400	n	>500	>400	<400	n	>500	>400	<400
April	7	—	21.9	15.1	15	—	26	20	19	18	37	31
Mai	7	13	20.1	14.0	14	15	26	19	20	17	34	28
Juni	8	11	20.1	15.4	14	12	24	18	25	16	34	28
Juli	7	8	14.1	9.3	19	9	18	13	27	13	25	20
August	12	9	15.6	9.5	14	11	22	15	24	15	32	26
September	6	13	24.2	15.2	11	15	27	18	13	18	36	30
Oktober	4	13	19.8	12.5	5	14	26	19	3	20	40	34
Nov.-Jan.	3	10	18.0	10.7	—	—	—	—	—	—	—	—
Februar	8	10	15.5	10.0	4	12	19	14	—	—	—	—
März	3	12	20.0	12.3	8	14	25	17	6	18.5	36	30

der Wärmestrahlung ähnlich: Bei gleicher Weglänge werden die Strahlen am stärksten geschwächt im Juli, am wenigsten im März—April, sowie im September—Oktober. Die Sommerdepression ist verhältnismäßig am größten bei den kleinsten Wellenlängen. Die Winterwerte sind zwar höher als die Sommer-, aber kleiner als die Herbst- und Frühjahrswerte. Die März-

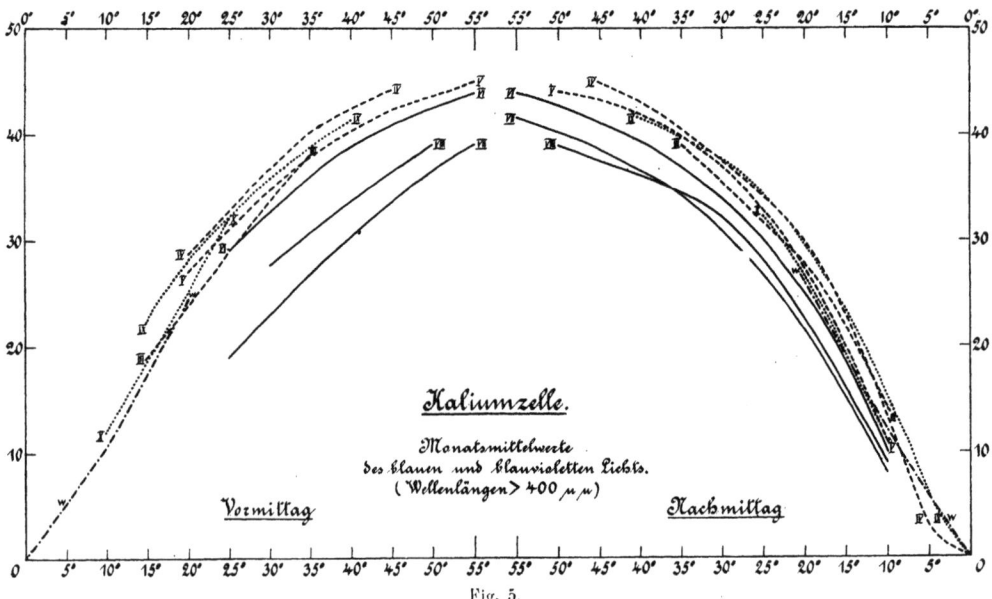

Fig. 5.

werte sind bei den kleineren Wellenlängen verhältnismäßig kleiner als die entsprechenden recht hohen der Wärmestrahlung. Der sehr raschen Zunahme der Wärmestrahlen im Frühjahr steht also eine viel langsamere Zunahme der Strahlung der kleinen Wellenlängen gegenüber.

Eine Trennung in den einzelnen Monaten nach Vor- und Nachmittag liefert genau dasselbe Ergebnis wie bei der Wärmestrahlung. So treten vor allem bei den Wellenlängen < 400 µµ, in denen sich ja der Dunsteinfluß am stärksten bemerkbar macht, im Juli und August die höheren Nachmittagswerte hervor.

Die ein ganzes Jahr hindurch ausgeführten Parallelmessungen zwischen der Wärmestrahlung mit Michelson und der Kaliumzelle ermöglichen einen Vergleich der beiden Strahlengattungen in allen Einzelwerten. Im allgemeinen ergibt sich eine recht gute Übereinstimmung: Jede Schwächung der Wärmestrahlung prägt sich vor allem bei den kleineren Wellenlängen der Zelle deutlich aus. In den Sommermonaten fand sich so eine unbedingte Parallelität zwischen beiden. In den anderen Jahreszeiten heben sich überall die größeren Trübungen heraus. An den übrigen Tagen braucht nicht immer von Tag zu Tag Gleichartigkeit vorhanden zu sein; Änderungen am selben Tage, vor allem plötzliche, sind jedoch wieder gemeinsam. So finden sich alle Ecken und Biegungen der Michelsonkurve auch in der Kaliumzellekurve desselben Tages.

Die tägliche Schwankung wurde aus denselben Tagen berechnet wie bei der Wärmestrahlung (Tab. 20, 21). Ein Vergleich der Fig. 5, welche die Schwankungen des Anteils > 400 µµ darstellt mit Fig. 4 zeigt die große Ähnlichkeit in den einzelnen Monaten mit der Wärmestrahlung. Im Sommer ist die Übereinstimmung am größten, dagegen weichen die Frühjahrsmonate am meisten ab. Schon bei den Wellenlängen > 400 rückt der März unter

Tab. 20. Täglicher Gang der Strahlen > 400 µµ, nach Sonnenhöhen.

Monat	Vormittag											Nachmittag										
	n	10°	15°	20°	25°	30°	35°	40°	45°	50°	55°	n	55°	50°	45°	40°	35°	30°	25°	20°	15°	10°	5°
Winter	4	10	18	24.5								5							26	19	12	6	
März	3	—	(19)	24.0	29.0	33.7						4			39	35.6	31.5	27.8	21.8	(14)			
April	4	—	—	28.8	32.5	36.8	40.2	42.5	44.2			4		44.8	42.8	40.8	37.2	34.0	30.2	22.5	13.5	3	
Mai	6	—	—	27.2	31.0	34.7	37.8	40.7	42.3	43.5	45	6		44.0	43.2	41.8	39.7	37.2	34.1	30.1	27.5	20	11	—
Juni	9	—	—	29.1	32.6	35.9	38.9	40.9	42.6	43.9		7	43.9	42.7	41.0	39.3	37.3	35.1	30.1	24.4	18.9	10	
Juli	7	—	—	19.4	22.9	27.1	30.3	33.6	36.7	39.1		7	41.6	40.3	38.7	36.4	34.3	30.9	26.7	21.4	15.2	8	—
August	9	—	—		27.8	30.6	33.6	36.7	39			9		39.1	37.4	36.1	34.6	32.1	28.1	22.6	16.0	9	—
Septbr.	5	—	—	28.5	32.2	35.8	38.6	42.5				5			41.5	39.6	37.8	34.2	29.4	23.6	15	6	
Oktbr.	2	12	18	25.5	32							3							32.3	26.7	19	11	—

Tab. 21. Täglicher Gang der Strahlen < 400 µµ, nach Sonnenhöhen.

Monat	Vormittag											Nachmittag										
	n	10°	15°	20°	25°	30°	35°	40°	45°	50°	55°	n	55°	50°	45°	40°	35°	30°	25°	20°	15°	10°	5°
Winter	4	5.5	11.2	18.7								5							19	11.0	7.3	3	
März	3	—	11	16.0	21.3	26.3						4			(34)	29.5	25.2	19.2	12	7	—		
April	4	—	—	18.5	22.2	29.8	36.2	38.8	41.0			4		40.0	39.0	36.0	32.0	25.0	20.0	15.2	8.5	3	
Mai	6	—	—	18.6	24.1	28.5	36.0	41.5	44.3	46.5	48.5	6	48.5	47.5	45.8	42.8	38.8	35.3	26.2	20.7	14.3	7	—
Juni	9	—	—	22.0	28.0	32.2	36.4	38.9	41.0	42.3		7	41.7	40.4	38.6	36.0	32.9	28.9	23.6	18.0	13.6	6	—
Juli	7	—	—	14.3	17.6	22.9	27.1	31.7	34.4	37.4		7	39.7	37.7	35.1	30.9	28.9	25.9	19.9	14.7	10.1	4	—
August	9	—	—	18	22.1	25.7	28.8	32.7	36			9		35.5	33.1	30.9	28.9	25.9	20.7	16.8	10.5	5	—
Septbr.	5	—	14.5	19.6	23.6	29.2	33.6	37.2				5			36.6	34.6	32.6	27.2	20.8	14.8	8	3	
Oktbr.	2	6	10	16	25.5							3							24.3	20	12.3	6	—
Mittel				21.1	25.9	30.9	35.0	37.7	39.5	42.7			43.3	40.3	38.5	36.3	33.5	29.9	24.0	18.8	12.6	6.5	3

den April und September, bei den Wellenlängen < 400 µµ geht der Mai über April und September; der März tritt noch weiter zurück, sodaß jetzt nur noch die Sommermonate tiefere Werte aufzuweisen haben. Der Anstieg der Kurven mit wachsender Sonnenhöhe erfolgt bei den größeren Sonnenhöhen schon bei den Wellenlängen > 400 µµ und noch stärker bei < 400 µµ durchweg steiler als bei der Wärmestrahlung.

Als Transmissionskoeffizienten für die mit der Kaliumzelle gemessenen Strahlengattungen findet man aus den Mittelwerten der Tab. 18 von 15° und 30°

beim Anteil >500 a $= 0.784$ entsprechend einer mittleren Wellenlänge von 455 (nach Abbot)
„   „ >400 a $= 0.749$ „   „   „   „   „   415 μμ
„   „ <400 a $= 0.658$ „   „   „   „   „   375 μμ

Dorno fand in Davos für die photographisch wirksamen Strahlen (1908—1910) a $= 0.510$, mit Hilfe der Kaliumzelle (1915—1917) 0.720 durch Blauviolglas und 0.668 durch Blauuviolglas[1]).

Dem Transmissionskoeffizienten 0.658 würde, wie sich aus 15^0, 20^0, 30^0 mit der Bouguerschen Formel ergibt, eine exterrestrische Sonnenwirkung von $J_0 = 65$ entsprechen. Rechnet man mit dieser Solarkonstante für die 20^0-Werte der Tab. 19 die a-Werte aus (die nicht so zahlreichen 15^0-Werte ergeben eine ähnliche Schwankung), so findet man in den einzelnen Monatsmitten folgende Transmissionskoeffizienten:

Winter	16. III.	16. IV.	16. V.	16. VI.	16. VII.	16. VIII.	16. IX.	16. X.
0.651	0.659	0.680	0.682	0.651	0.610	0.635	0.680	0.668

also die höchsten Werte im April—Mai und September, die tiefsten Werte im Juli. Die Werte der Zeit Oktober—März sind merklich kleiner als im Spätfrühjahr und im frühen Herbst.

5. Das ultraviolette Sonnenlicht.

a) Apparatur. Die Wirkung der Kaliumzelle, Anteil <400 μμ, reicht nicht weit in die kleineren Wellenlängen hinein, wie der Versuch mit Fensterglas zeigt. Bei der Wichtigkeit des ultravioletten Sonnenlichts war daher von vornherein eine gesonderte Messung dieser Wellenlängen in Aussicht genommen. Anfangs war das alte Zinkkugelphotometer[2]) von Elster und Geitel als Meßinstrument vorgesehen. Im September 1913 fanden in Potsdam Parallelbeobachtungen statt zwischen Michelson, Kaliumzelle und Zinkkugel. Dabei ergaben sich an einem klaren Tage die folgenden relativen Werte:

Tab. 22.

Sonnenhöhe	Vm 30^0	35^0	Nm 30^0	25^0	20^0	16^0	12^0
Michelson	23.2	24.2	18.6	—	17.4	14.2	10.6
Ka-Zelle <400 μμ	9.2	10.5	8.8	7.8	5.3	3.5	2.0
Zinkkugel	16	25	14.5	10	4.5	2	0.5

Die Amplitude der täglichen Schwankung war also bei der Zinkkugel bedeutend größer als beim Anteil der Kaliumzelle <400 μμ, ein Beweis dafür, daß auf die Zinkkugel sehr viel kleinere Wellenlängen wirken müssen als auf die Kaliumzelle.

Die Mängel der Zinkkugelmethode sind bekannt. Um eine einheitliche Oberflächenbeschaffenheit zu erlangen, ist vor jeder Messung ein Amalgamieren der Kugel nötig. Das macht einmal das Arbeiten zeitraubend und lästig, und verbürgt dennoch keine Konstanz der Empfindlichkeit. Alle Beobachter melden übereinstimmend, daß häufig plötzliche Sprünge in den Werten eintreten, die den regelmäßigen Gang eines Tages stören und von einen Tag zum anderen noch beträchtlicher sein müssen. Es wurde daher, als es Elster und Geitel[3]) durch Destillation im Vakuum gelang, eine der Kalium- ähnliche Zinkzelle herzustellen, eine solche Zinkzelle in Auftrag gegeben. Leider zog sich die Fertigstellung durch verschiedene mißliche Umstände so in die Länge, daß erst im August 1914, als das Kolberger Meßprogramm wegen des Krieges bereits eingeschränkt worden war, mit den Beobachtungen begonnen werden konnte. Da eine galvanometrische Messung mangels eines empfindlichen Galvanometers für Kolberg nicht in Betracht kam, wurde elektrometrisch gemessen mit Wulfelektrometer und Hilfskapazität. Die Zelle wurde auf etwa 100 Volt aufgeladen, der 16 cm lange und 5 cm breite Tubus mit Blendenöffnung 10 mm ohne zwischengeschaltetes Mattglas und ohne Filter mit Hilfe eines Suchers auf die Sonne gerichtet und dann mittels einer Stoppuhr die Abfallzeit bestimmt zwischen Skalenteil 30 (etwa 85 Volt entsprechend) und Skalenteil 20 (50 Volt) des Wulfelektro-

---

[1]) C. Dorno, Himmelshelligkeit usw. S. 270 und 278.
[2]) J. Elster und H. Geitel, Wien, Ber. 101, 703, 1892.
[3]) J. Elster und H. Geitel, Phys. Zeitschr. 15, 1, 1914.

meters. Vor und nach jeder Messung fand eine Prüfung der Isolation statt, also eine Abfallmessung bei oben geschlossenem Tubus. Dann ergab sich eine Abfallzeit von 8—12 Minuten gegenüber 10—50 Sekunden bei offenem Tubus. Im Laufe des Winters, vor allem im März, war jedoch häufig die Isolation schlechter, sodaß einige Male die Messung deshalb unterbleiben mußte. Oft war grade mittags der Fehler viel größer als morgens und abends. Ferner darf nicht unerwähnt bleiben, daß auch bei der Zinkzelle einige Male unerklärliche Sprünge auftraten: zweimal im September und einmal im März war der erste Nachmittagswert ganz bedeutend höher als der Mittagswert, und zwar dauerten die hohen Werte den ganzen Nachmittag bis zum Abend an. In den Mitteln sind sie fortgelassen worden.

Die mit der Zinkzelle erhaltenen Zahlen sind relative Werte. An eine Eichung im Kriege war nicht zu denken. Nachdem die Zelle jahrelang in Kolberg und Potsdam unbenutzt gestanden hatte, wurden im Sommer 1919 die Versuche wieder aufgenommen. Es ist aber bis jetzt noch nicht gelungen, einwandsfreie Eichungen zu erhalten. Auch einige Erscheinungen, die in Potsdam bei galvanometrischen Beobachtungen mit der Zelle auftraten, harren noch der Aufklärung. So scheint die Zelle bei starker Sonne und größter Blendenöffnung (50 mm) ähnlich wie die Kaliumzelle zu hohe Ausschläge zu geben. Trotzdem bei kleiner Blende und elektrometrischer Messung nichts derartiges bemerkt wurde, sind die mitgeteilten Ergebnisse daher nur als vorläufig anzusehen. Die zwei oder drei bei derselben Sonnenhöhe nacheinander erhaltenen Abfallzeiten stimmten übrigens stets gut unter sich überein. Die mitgeteilten Zahlen sind erhalten durch Division in 1000.

b) Ergebnisse. Die Mittagswerte der Meßzeit August 1914 bis April 1915 sind in Tab. 23 gemittelt; außerdem sind die Höchst- und Tiefstwerte der einzelnen Monate hinzugefügt worden. Das Augustmittel ist 12 mal so groß als das im Strahlungswinter. Die Kurve 5 der Fig. 2 gibt am besten den Vergleich mit den anderen Strahlungsmessungen. Auffällig sind die tiefen Mittagswerte des März und April beim ultravioletten Licht, doch findet sich dasselbe bei dem Kaliumzellenanteil < 400 μμ. Leider fehlen die sehr wichtigen Messungen von Mai bis Juli.

Tab. 23. Monatliche Mittel-, Höchst- und Tiefstwerte, gemessen mit der Zinkzelle am Mittag.

Monat	Anzahl der Messungen	Mittel	Höchstwert	Tiefstwert
August	8	106	140	80
September . . .	13	85	116	62
Oktober	6	54	70	39
Novbr.-Januar .	6	9	17	3
Februar	5	24	34	6
März	2	53	63	42
April	4	56	71	28

Elster und Geitel fanden mit der Zinkkugel in Wolfenbüttel 1889—1891 die höchsten Werte im Juni (die Julimessungen fehlen aber), Dorno in Davos 1909—1910 im Juli—August, demgegenüber die Maiwerte weit zurücktraten. Neuerdings hat Dorno mit der Kadmiumzelle 1916/17 die höchsten Mittagswerte im Juli, die tiefsten im Dezember festgestellt. Es ist also wohl anzunehmen, daß in Kolberg das ultraviolette Licht seine größte Wirkung im Juli/August hat, während mit wachsender Wellenlänge sich dieses Maximum nach dem Frühsommer und Frühjahr hin verschiebt. Gleichzeitig geht die für die kleinsten Wellenlängen einfache jährliche Schwankung in eine doppelte mit einem sekundären Maximum im Herbst über. Der höchste Mittagswert verhält sich bei der Zinkzelle zum tiefsten wie 47 : 1 (in Wolfenbüttel 75 : 1, Davos mit Zinkkugel und Kadmiumzelle 11 : 1). Ein Vergleich der Einzelwerte in Kolberg mit den gleichzeitig gemessenen der Kaliumzelle < 400 μμ ergibt gute Übereinstimmung, nur ist die Schwankung bei der Zinkzelle fast stets größer. Beiden gemeinsam ist vor allem die starke Schwächung durch Dunst, sowie relativ hohe Werte an Cumulustagen.

Die Tab. 24 und 25 enthalten die Mittelwerte nach Sonnenhöhen. Die Kurve 5 der Fig. 3 ist aus der Tab. 24 berechnet worden, wobei der Mittelwert für 40°, 78, gleich 1000 gesetzt wurde. Man erkennt aus der Figur den zuerst sehr viel langsameren, dann von etwa 10° Sonnenhöhe an sehr viel schnelleren Anstieg des ultravioletten Lichts verglichen mit den anderen Strahlengattungen der Fig. 3. In gleicher Sonnenhöhe (Tab. 25) treten die höchsten Werte im September und Oktober ein, die Augustwerte bleiben höher als die vom März. Die kleinsten Werte gibt der Winter. Die Davoser Messungen mit der Kadmiumzelle lieferten eben-

Tab. 24. Mittel-, Höchst- und Tiefstwerte der Zinkzelle, nach Sonnenhöhen.

Sonnen-höhe	Anzahl n der Messungen	Mittel-wert	Höchstwert		Tiefstwert	
			Wert	Datum	Wert	Datum
10^0	12	4	8	10. IX.	1.5	25. VIII
15^0	19	12	28	22. IX.	5	20. II.
20^0	29	22	40	20. VIII.	6	5. II.
30^0	35	56	80	24. VIII.	25	11. IV
40^0	16	78	116	1. IX.	28	3. IV.

Tab. 25. Monatliche Mittelwerte der Zinkzelle nach Sonnenhöhen.

Monat	15^0		20^0		30^0	
	n	Wert	n	Wert	n	Wert
August ...	2	10	5	28	12	55
September .	5	16	8	26	10	58
Oktober...	4	13	5	22	3	64
Nov.-Jan. ..	3	11	—	—	—	—
Februar ..	5	8	4	16	—	—
März	—	—	4	22	2	48
April	—	—	—	—	5	49

falls Höchstwerte im September. Charakteristisch für das ultraviolette Sonnenlicht ist demnach an der Küste wie im Gebirge ein starkes Überwiegen der Herbstwerte über die Frühjahrswerte.

Die Tab. 26 gibt den täglichen Gang des ultravioletten Lichts in den einzelnen Monaten. Man sieht, daß es sehr viel steiler zum Mittagswert ansteigt und abfällt wie alle anderen Strahlenarten.

Tab. 26. Täglicher Gang der Zinkzellenwerte, nach Sonnenhöhen.

Monat	Vormittag								Nachmittag							
	n	10^0	15^0	20^0	25^0	30^0	35^0	40^0	45^0	n	45^0	40^0	35^0	30^0	25^0	20^0	15^0	10^0
August	5	—	—	—	—	48	67	84	106	4	115	101	88	70	48	32	14	3
September ...	5	—	—	29	41	56	75	88		3		92	82	68	50	32	22	7
Oktober	2	4	10	22	40	57				3			54	37	23	14	4
Novbr.-Febr...	4	4	11	20	32					4				32	22	13	5
März	2	—	—	25	37	51				1	(43	32	20	8)	—

Als mittlerer Transmissionskoeffizient der Werte 20^0 und 40^0 (Tab. 24) ergibt sich $a = 0.414$. Dieser Wert ist merklich kleiner als der für die Wellenlängen $< 400\ \mu\mu$ der Kaliumzelle berechnete, aber bedeutend höher als der aus den Davoser Zinkkugelphotometerbeobachtungen erhaltene 0.272. Es scheint, als ob auf die Zinkkugel noch kleinere Wellenlängen wirken und sie daher eher der Kadmiumzelle entspräche, für die Dorno 1916/17 annähernd denselben Transmissionskoeffizienten 0.265 ermittelte. Der Koeffizient 0.414, der nach Abbot einer wirksamen Wellenlänge von etwa $350\ \mu\mu$ entspricht, ergibt den exterrestrischen Wert $J_0 = 354$ für die ultraviolette Sonnenstrahlung. Rechnet man mit diesem J_0-Wert die a-Werte für 20^0 Sonnenhöhe der Tab. 26 mit Hilfe der Bouguerschen Formel aus, so erhält man für den Winter 0.382, März 0.403, August 0.442, September 0.440 und Oktober 0.391, also die höchsten Werte im August/September, die kleinsten im Winter.

6. Helligkeitsmessungen.

Die Ausführung dieser Messungen lehnt sich, schon um mit Kiel und Davos vergleichbar zu sein, an die Methoden von L. Weber und Dorno an. In erster Linie wurde daher die „Ortshelligkeit" oder das „Oberlicht" gemessen, d. h. die Beleuchtungsstärke einer großen, wagerechten, frei aufgestellten, von Sonne und Himmel beleuchteten Milchglasscheibe. Dazu kamen ähnliche Beobachtungen bei abgeblendeter Sonne, die nur die Helligkeit durch das diffuse Himmels- und Wolkenlicht, das „Schattenlicht", ergeben. Außer dem Oberlicht wurde auch das „Vorderlicht", d. h. die Beleuchtungsstärke einer senkrechten Milchglasplatte gemessen.

a) Apparatur. I. Ortshelligkeit. Als Meßinstrument diente ein Webersches Milchglasplattenphotometer (Nr. 679, von Schmidt und Hänsch). Die große Milchglasscheibe M von 25 cm Durchmesser wurde fest in einen schwarzen Holzkasten eingebaut, in dem innen ein festes Stativ für das Photometer angebracht war. Die Grundkonstante dieser Anordnung ist im Winter 1913/14 mehrfach mit Hilfe der Hefnerlampe im Dunkelzimmer zu Potsdam bestimmt worden, ebenso der Übergang über zwei Rauchglasplatten 1 und 2 im Photometertubus zur Milchglasplatte 3. Weil hierbei wenig Farbunterschied zwischen Benzin- und Hefnerkerze vorhanden war, wurde nicht in den Farben (rot, grün usw.), sondern direkt ohne Farbfilter gemessen. In Kolberg wurde stets mit Platte 3 im Tubus beobachtet. Ende April 1914 zerbrach diese Platte in zwei Teile; seitdem wurde eine Reserveplatte benutzt, deren Übergang nur geringe Abweichung gegen die alte zeigte. Nach den Erfahrungen von Dorno ist die weitere Abschwächung im Photometertubus, die nötig ist, um das helle Tageslicht mit der dunkeln Benzinkerze vergleichbar zu machen, nicht durch neue Milchglasplatten, sondern durch Metallblenden erreicht worden, die auf den Tubus gesetzt wurden. Es waren im ganzen 7 mit den Durchmessern 30, 25, 20, 15, 12, 10 und 7.5 mm. Die Konstanten dieser Blenden wurden in Potsdam, sowie in Kolberg an Mittagen mit konstantem Tageslicht bestimmt.

Der Hauptnachteil der Weberschen Methode ist bekanntlich der, daß wegen der Farbunterschiede vom Tages- und Benzinlicht nur durch Farbgläser beobachtet werden kann. Weber nahm rotes und grünes Glas und berechnete aus dem Quotienten der beiden Helligkeiten in Grün und Rot, indem er ihn mit einem aus Sehschärfebestimmungen gefundenen Faktor k multipliziert, den sog. „Äquivalenzwert" in Weiß. Nun wäre es wohl möglich, daß durch die Beobachtung in den Farben, vor allem im Grün, ein persönlicher Einfluß in die Werte hineinkäme. Ich glaube, daß gerade die langjährigen Kieler Zahlenreihen, wo die Beobachter ständig gewechselt haben, von solchen Fehlern nicht frei sind. Außerdem wird der Quotient Grün : Rot von der Art der gewählten Gläser abhängen. Das dem Photometer 679 beigegebene grüne Glas, daß viel blaue Strahlen durchließ, schien mir von dem früheren von mir selbst in Kiel benutzten abzuweichen. Es wurde deshalb, um eindeutig definierte Farbfilter zu haben, für die Messungen in Kolberg und Potsdam ein neuer Photometersehieber angefertigt mit 1 mm dicken Farbgläsern Rot = Schott F 4512, Grün = Schott F 4930 und Blau = Schott F 3873. Die Durchlässigkeit ist nach dem Schottschen Katalog folgende:

	644 $\mu\mu$	578	546	509	480	436	405	384	361	340 $\mu\mu$
F. 4512	0.94	0.05	—	—	—	—	—	—	—	—
F. 4930	0.17	0.50	0.64	0.62	0.44	—	—	—	—	—
F. 3873	—	—	—	0.18	0.50	0.73	0.69	0.59	0.36	0.10

Herr Geheimrat Wilsing vom Astrophysikalischen Observatorium hatte die Liebenswürdigkeit, diese Angaben spektrophotometrisch nachzuprüfen. Rot wich nicht wesentlich ab, Grün wies aber bei den Wellenlängen 530 $\mu\mu$ eine deutlich kleinere Durchlässigkeit auf, als der Katalog angibt. Noch ungünstiger schneidet Blau ab, das bedeutend weiter in die größeren Wellenlängen, also in das Gelb, hineinwirkt als im Katalog angegeben.

Der Kolberger Quotient Grün : Rot ist nun natürlich mit dem in Kiel und Davos gefundenen nicht direkt vergleichbar. Weil die Wirkung des dort benutzten Grün sich weiter in das Blau hinein erstreckt[1]), so ist das Verhältnis in Kiel und Davos größer zu erwarten als in Kolberg, was in der Tat durch die Beobachtungen bestätigt wird. Die Berechnung der Weißwerte ist für Kolberg nur in den Endmittelwerten ausgeführt worden. Angenähert erhält man sie durch Verdoppelung der Rot-Werte. Zu den Gläsern Rot und Grün ist noch Blau hinzugefügt worden, weil, wie ja schon der Augenschein lehrt, im Blau viel stärkere Schwankungen als im Grün zu erwarten sind. Am genauesten war stets die Einstellung in Rot, am unsichersten, weil das Gesichtsfeld am dunkelsten ist, in Blau.

II. Schattenhelligkeit. Um die durch das Schattenlicht verursachte Beleuchtungsstärke der Milchglasscheibe M zu erhalten, wurde an Tagen mit Sonne die Messung I mit abgeschirmter Sonne wiederholt. Der verschiebbare Schirm bestand im wesentlichen aus einer runden Pappscheibe mit schwerem Eisenfuß. Fehler sind dadurch möglich, daß außer der Sonne noch Teile des benachbarten Himmels abgeblendet werden. Bei stürmischem Wind mußte die Messung deswegen unterbleiben, weil sich der Schirm dann verschob.

---
[1]) Vgl. die Zeichnung in Dorno, Studie S. 11.

III. **Vorderlicht.** Gemessen wurde mit dem Weberschen Relativphotometer[1]), dessen durch eine Milchglasplatte verschlossener Haupttubus dauernd auf Zenith gerichtet war, während der Nebentubus, der ebenfalls eine Milchglasscheibe als Abschluß hat und durch 1—3 Rauchglasplatten weiter abgeblendet werden konnte, zuerst auf Zenith, dann nacheinander auf geographisch Osten, Süden, Westen, Norden eingestellt wurde. Nur bei der Mittagsmessung wurde Süden gleich dem Stand der Sonne angenommen. Man erhält so das Vorderlicht im Verhältnis zum Oberlicht. Die Messung ist bequem und schnell. Am besten setzt man das Photometer auf ein Stativ, dessen drei Fußstellungen fest markiert sind. Die Feineinstellung gibt eine unter der Milchglasscheibe im Haupttubus befindliche Irisblende. Ein Übelstand, der unter Umständen fälschen könnte, liegt in Farbunterschieden der beiden Gesichtsfelder. Es gelang aber durch passende Wahl der Milch- und Rauchgläser sie so zu verringern, daß sie nicht störten. Bei tiefstehender Sonne reichte der Meßbereich nicht mehr aus; man kam aber dann durch Vertauschen der beiden Tuben zum Ziel, es wurde also der Haupttubus auf die Sonne, der Nebentubus auf Zenith gerichtet. Die Irisblende, aus deren Ablesung C das Verhältnis der beiden Beleuchtungsstärken Vorderlicht : Oberlicht berechnet wird, ist mehrfach im Dunkelzimmer geeicht worden. Der Haupttubus wurde dabei durch eine in konstanter Entfernung R befindliche Glühlampe beleuchtet, der Nebentubus durch eine ähnliche Lampe in wechselnder Entfernung r. Es ergab sich, daß das Produkt $B \cdot J$ der beiden Beleuchtungsstärken $B = \frac{1000}{r^2}$ und $J = \frac{C}{R^2}$ annähernd konstant ist. Aus den Abweichungen ergeben sich kleine Korrektionen der Irisblendenablesung, die in Gestalt einer festen Tabelle daran angebracht wurden.

b) **Ergebnisse.** I. und II. **Ortshelligkeit (Gesamthelligkeit und Schattenhelligkeit).** Die Messungen der Ortshelligkeit wurden in erster Linie ähnlich wie in Kiel und Davos an allen Mittagen ausgeführt. Nur an Tagen mit strömendem Regen wurde nicht beobachtet, sondern die Ortshelligkeit in Rot geschätzt. Außerdem fielen während einer kurzen Abwesenheit im Oktober 1914 sechs Werte aus. An Tagen mit wechselnder Bewölkung wurde nach Möglichkeit durch längeres Warten versucht, eine einheitliche Meßreihe in allen Farben, die dem bisherigen Wetter entsprach, zu erhalten. Da stets mit Rot begonnen und über Grün-Blau-Blau-Grün auf Rot zurückgegangen wurde, waren Änderungen leicht zu erkennen. Wenn es nicht gelang, dasselbe Rot zurück zu erhalten, wurden alle Messungen außer dem ersten Rot verworfen.

Tab. 27. Monatsmittelwerte der Ortshelligkeit (Gesamthelligkeit und Schattenhelligkeit) am Mittag (1000 Meterkerzen).

Monat	Gesamthelligkeit						Schattenhelligkeit				
	Rot	Grün	Blau	gr./r.	bl./r.	bl./gr.	Rot	Grün	Blau	gr./r.	bl./r.	bl./gr.
April	31.1	78	178	2.6	6.1	2.3	5.2	16	48	3.1	10.0	3.1
Mai	30.1	87	156	2.8	5.4	1.9	6.0	20	44	3.5	7.6	2.2
Juni	35.7	93	189	2.6	5.2*	2.0	7.4	22	49	3.2	7.4*	2.3
Juli	37.9	99	209	2.7	5.6	2.1	8.4	27	64	3.3	8.1	2.5
August . . .	31.0	83	183	2.7	5.9	2.2	7.8	25	64	3.2	8.6	2.7
September .	23.9	64	159	2.7	6.7	2.6	6.7	21	62	3.2	10.1	3.1
Oktober . . .	10.4	28	73	2.7	7.5	2.8	5.0	17	48	3.3	10.1	2.8
November . .	5.1	14	37	2.8	7.6	2.7	4.5	14	48	3.0	10.6	3.4
Dezember . .	4.4*	12*	33*	2.7	7.7	2.8	4.6	14	43	3.1	9.6	3.1
Januar . . .	5.1	13	38	2.7	7.6	2.9	4.6	13	43	2.9	9.4	3.3
Februar . . .	10.1	24	64	2.4	6.6	2.7	5.7	16	51	2.9	9.0	3.1
März	14.2	34	92	2.4	6.7	2.8	4.4*	12*	40*	2.8	9.4	3.4
Jahr	19.9	52	118	2.65	6.6	2.5				3.1	9.2	2.9

Die Mittagswerte sind zu Monatsmitteln vereinigt worden (siehe Tab. 27). Dabei setzt sich der April aus zwei Teilen 1914 und 1915 zusammen, was aber unbedenklich ist, weil das Wetter in der ersten Monatshälfte in beiden Jahren ganz ähnlich war. Die Tab. 27 enthält gleichzeitig die Schattenhelligkeiten, Tab. 28 die Höchst- und Tiefstwerte in den einzelnen Monaten in tausendstel Meterkerzen, Tab. 29 die aus Rot durch Multiplikation mit k = 1.90

---

[1]) L. Weber, Schriften des Naturwissenschaftlichen Vereins für Schleswig-Holstein XV, 158, (1911).

erhaltenen Äquivalenzwerte in Weiß im Vergleich zu Kiel und Davos[1]). Die Ortshelligkeit in Kolberg reicht natürlich nicht entfernt an die Höhe und Gleichmäßigkeit von Davos heran, sie ist aber dank dem sonnenreichen Wetter der hinterpommerschen Küste etwa 20 % größer als in Kiel. Bei einem Vergleich im Einzelnen ist die Abweichung des einen Meßjahres in Kolberg vom Normalen zu berücksichtigen: Die April- und Juliwerte sind zu hoch, die Oktober-,

Tab. 28. Höchst- und Tiefstwerte der Gesamt- und Schattenhelligkeit in Rot am Mittag.

Monat	Gesamthelligkeit		Schattenhelligkeit	
	Max.	Min.	Max.	Min.
April	52.5	7.7	7.2	3.3
Mai	63.4	3.9	9.8	4.0
Juni	54.7	5.8	16.6	3.7
Juli	57.0	11.0	15.4	3.3
August ...	45.8	7.7	12.8	3.2
September .	41.4	3.5	15.3	3.3
Oktober...	31.6	1.4	8.2	3.1
November...	15.6	1.9	(4.5	4.5)
Dezember..	10.5	0.9	7.0	3.4
Januar ...	12.4	0.8	6.8	3.5
Februar...	18.8	1.9	8.6	4.2
März	32.5	3.9	6.2	3.0
Jahr.....	63.4	0.8	16.6	3.0

Tab. 29. Äquivalenzwerte der Ortshelligkeit am Mittag in Kiel, Kolberg und Davos.

Monat	Kiel 1908—1910	Kolberg 1914/15	Davos 1908—1910
Januar ...	7.7	9.7	45.9
Februar ...	15.6	19.2	61.3
März ...	27.4	27.0	95.8
April ...	40.5	59.1	112.4
Mai	46.8	57.2	117.0
Juni	55.9	67.8	112.7
Juli	54.4	72.0	99.8
August ...	44.8	58.9	102.4
September ..	44.5	45.4	84.7
Oktober...	24.0	19.8	72.6
November..	14.4	9.7	45.1
Dezember..	7.1	8.4	38.2
Jahr.....	31.9	37.8	82.3

November- und Märzwerte zu klein ausgefallen. Von Mitte April bis Mitte September ist die Helligkeit in Kolberg recht gleichmäßig. Die höchsten Werte erreicht sie von Mitte Mai bis Mitte Juli bei starkem Sonnenschein und bei Anwesenheit von hellen Kumuluswolken, wo sie in Rot 60000, in Weiß 120000 Hefnerkerzen überschreiten kann; die tiefsten von Mitte Dezember bis Anfang Januar, wo sie mittags in Rot bis auf 800, in Weiß bis auf 1600 Kerzen heruntergeht. In Kolberg ist also der hellste Tag mittags etwa 80 mal heller als der dunkelste (in Davos 32 mal). Das Winterhalbjahr (1. Okt. bis 1. April) war 3.8 mal dunkler (in Davos 1.8 mal) als das Sommerhalbjahr; die erste Jahreshälfte (1. Jan. bis 1. Juli) 12 % (in Davos 17 %) heller als die zweite.

Greift man aus den Mittagswerten nur die bei klarem Himmel erhaltenen heraus, so gibt das gewissermaßen die Normalwerte der Ortshelligkeit in Kolberg. In Rot hat diese Normale Mitte April den Wert 35000 Hefnerkerzen, Anfang Mai 40000; sie erreicht in der Zeit von Mitte Juni bis Anfang Juli den Höchstwert 48300, um dann Anfang August wieder unter 40000, Mitte September unter 30000, Ende Oktober unter 20000, Ende November unter 10000 Meterkerzen zu sinken. Am 22. Dezember fand sich der tiefste Wert 7000. Anfang März wurden wieder 20000, Anfang April 30000 überschritten. Bei diesen Normalwerten ist der Höchstwert nur etwa 7 mal so groß als der Tiefstwert. In Davos war der hellste wolkenlose Tag im Sommer mittags 3.5 mal so hell als der dunkelste im Dezember. An wolkenlosen Tagen ist also in Kolberg die Schwankung nur doppelt so groß als im Schweizer Hochgebirge. Die Einsenkung, die in Davos im Juni gefunden wurde, ist übrigens in Kolberg nicht vorhanden.

Bei Anwesenheit von Wolken werden die Ortshelligkeiten nun gegen die Normalwerte erhöht oder erniedrigt, erhöht in allen Fällen, wo die Sonne ganz oder teilweise frei ist, erniedrigt, wenn die Wolken die direkte Sonnenstrahlung und damit auch ihre indirekte Wirkung stark behindern. Die größten Werte erhält man an Kumulustagen, Bewölkungsziffer 3—7, im Winter auch bei a-cu und st-cu. Am hellsten Mittage, dem 15. Mai, ergab sich eine Steigerung von 44 % gegenüber dem Normalwert, im Januar bei a-cu einmal sogar um 60 %. Cirrus erhöht ebenfalls meistens die Helligkeit, auch dann noch, wenn er vor der Sonne steht. Im Dezember fand sich als größte Steigerung 26 %, im Sommer 18 %. Wenn der Cirrus dicker ist und den direkten Sonnenschein abhält, so drückt er die Helligkeit herab, meistens um 10 bis 20 %, im Höchstfall an einem Märztage um 32 %. Ebenso wirkt zunehmende Cu- oder

---

[1]) C. Dorno, Schriften des Naturwissenschaftlichen Vereins für Schleswig-Holstein XIV, 276, (1909) und Studie S. 113.

st-cu-Bewölkung, meistens wenn Bewölkungsziffer 8 erreicht und überschritten wird. Die Ortshelligkeit nähert sich dann den Werten der Schattenhelligkeit; bei noch stärkerer Bewölkung unterschreitet sie diese Werte. Am dunkelsten sind Tage mit einer geschlossenen Wolkendecke; doch herrscht hier selbst innerhalb desselben Monats ein weiter Spielraum. So ging im Oktober der dunkelste trübe Tag auf 8 %, der hellste trübe Tag auf 48 % des Normalwerts, im März einmal sogar nur auf 66 %. 8 % ist in allen Monaten die untere Grenze; auch im Sommer bei Gewittern.

Die Schattenhelligkeiten, die an insgesamt 108 Mittagen gemessen wurden, sind ebenfalls monatsweise gemittelt worden. Dabei stützen sich allerdings die Wintermittel oft nur auf wenige Zahlen. Im Mittel beträgt die Schattenhelligkeit im Sommer 7—8000, im Winter 4—5000 Meterkerzen in Rot oder 14—16000 bezw. 8—10000 in Weiß. Die Schattenhelligkeit ist stets dann am größten, wenn die Gesamthelligkeit am größten ist, also vor allem an hellen cu-Tagen. (Maximalwert 16600 in Rot oder 35000 in Weiß.) An solchen Tagen entfällt mittags von der gesamten Ortshelligkeit etwa 30 % auf das Schattenlicht. Im Winter, genauer gesagt: bei tiefer Sonnenhöhe, kann sich dieser Anteil noch steigern; bei dichtem Cirrus und verdeckter Sonne können dann 75 % auf das Schattenlicht kommen. Am 25. Dezember war bei cirrus die Schattenhelligkeit genau so groß, wie die Ortshelligkeit bei wolkenlosem Himmel betragen hätte. Die tiefsten Werte der Schattenhelligkeit, die stets bei wolkenlosem tiefblauem Himmel eintreten, sind in allen Monaten ungefähr gleich, 3000—3500 Meterkerzen in Rot oder 6300—7300 in Weiß. In den Sommermonaten bedeutet das in Rot 8 % der gesamten Ortshelligkeit, sodaß dann 92 % auf die Sonne allein fallen. Im Herbst und Frühjahr steigt dieser Anteil in Rot auf 10—15 %, im Dezember und Januar auf 40—50 %. Um Weihnachten herum entfällt also an wolkenlosen Tagen bei der Ortshelligkeit mittags etwa die Hälfte auf die Sonnen-, die andere Hälfte auf die Himmelshelligkeit.

Betrachtet man, um ähnlich wie bei der Gesamthelligkeit auch bei der Schattenhelligkeit die normalen Werte zu erhalten, nur die wolkenlosen Tage, so erhält man Zahlen, die scheinbar regellos hin- und herschwanken. Nur die tiefsten Werte kehren mittags in allen Jahreszeiten, also bei den Sonnenhöhen von 15—60° immer wieder, die Normalwerte der Schattenhelligkeit sind durch diese Tiefstwerte, die stets bei tiefblauem Himmel eintreten, gegeben. Steigt die Schattenhelligkeit, so liegt das daran, daß der Himmel mattblau oder weißlichblau wird. In der kleinen Tab. 30 sind die Beobachtungen von 47 wolkenlosen Mittagen nach dem Himmelsblau, das stets bei der Messung nach der 3-teiligen Skala 0—2 geschätzt wurde,

Tab. 30. Schattenhelligkeit an wolkenlosen Mittagen.

	Anzahl der Messungen	Rot	gr./r.	bl./r.
Blau^0	10	8.0	3.17	7.7
Blau^1	27	4.5	3.41	9.7
Blau^2	10	4.0	3.35	11.0

getrennt worden. Man sieht, daß bei weißlichem Himmel die Schattenhelligkeit im Mittel doppelt so groß ist als bei tiefblauem Himmel, gleichzeitig nimmt das Verhältnis Grün : Rot etwas und das Verhältnis Blau : Rot stark mit zunehmender Bläue zu. In Einzelwerten kann das Schattenlicht in Rot auf das 3-fache des Normalen steigen. An einem Junitage (25. VI. 14) wurde als Höchstwert in Rot 9000 Meterkerzen oder in Weiß 18000 Meterkerzen gemessen, im September war der höchste Wert 8400, im April 7200, im Winter etwa 5000 in Rot. Dorno, dessen Schattenhelligkeitsmessungen jedoch durch die Davoser Tallage stark beeinträchtigt werden, fand als Höchstwert ebenfalls 18000 Meterkerzen in Weiß. Der Kolberger höchste Mittagswert wurde übrigens an einem Maitage vormittags noch um 10 % überschritten (S. 30).

Subtrahiert man von der Ortshelligkeit H_o die Schattenhelligkeit H_s, so erhält man die Beleuchtungsstärke der Milchglasscheibe, die von der Sonne allein verursacht wird. Die Sonnenhelligkeit H_S ist dann

$$H_S = \frac{H_o - H_s}{\sin h}, \text{ wo } h \text{ die Sonnenhöhe ist.}$$

Die Größe $H_o - H_s$ schwankt wegen des wechselnden Schattenlichts stärker als H_o. Bei höchstem Sonnenstand beträgt sie mittags in Rot bei tiefblauem Himmel 45000, bei weißlichem Himmel 40000 Meterkerzen, bei tiefstem Sonnenstand im Dezember mittags bei klarer Sonne 4000, bei starkem Dunst 2000 Meterkerzen. Daraus ergibt sich für H_S am 21. Juni mittags 53000 bezw. 47000 Kerzen, am 21. Dezember 20000 bezw. 10000 Kerzen in Rot. Der größte Äquivalenzwert der Sonnenhelligkeit in Kolberg wäre also (Grün : Rot = 2.4, k = 1.8 genommen, s. Tab. 32) etwa 100000 Meterkerzen. Dorno fand in Davos den sehr viel höheren Wert 153000 Kerzen, der wohl nur zum Teil auf die hellere Hochgebirgssonne zurückzuführen ist, zum anderen Teil eine Folge der Berechnung aus dem größeren Verhältnis Grün : Rot ist.

Tab. 31. **Ortshelligkeit und Sonnenhelligkeit in Rot an klaren Mittagen.**

Monat	Anzahl der Tage	Ortshelligkeit	Sonnenhelligkeit	
			auf wagerechter Fläche	auf senkrechter Fläche
April	9	36.6	—	—
Mai	5	45.2	39.1	47.8
Juni	5	46.5	41.3	48.8
Juli	9	47.3	40.7	48.4
August . . .	8	37.8	34.1	43.2
September . .	5	32.2	27.6	42.0
Oktober . . .	3	22.1	18.2	39.5
Nov.-Jan. . .	5	8.6	4.8	20.8
Februar . . .	4	16.3	11.8	30.1
März	3	23.8	20.0	35.5

Die Tab. 31 enthält die monatlichen Mittelwerte der Größen H_o, H_s und H_S in Rot. Die Sonnenhelligkeit H_S ist danach am größten von Mai bis Juli. Die Herbstwerte sind nicht, wie bei der Wärmestrahlung und beim blauen Sonnenlicht höher als die Sommerwerte, aber doch im Verhältnis zum Frühjahr zu hoch. (Vgl. die Kurve 6 der Fig. 2.)

Die Farbunterschiede bei den Helligkeitsmessungen sind im Einzelnen aus der Tab. 27 zu entnehmen. Das Farbverhältnis Grün : Rot bleibt bei der Ortshelligkeit (Gesamthelligkeit) ungefähr das ganze Jahr konstant. Die Abnahme der Werte am Schluß der Beobachtungszeit, im Februar und März 1915, die sich in allen Messungen zeigt, ist vielleicht auf schlechteres Benzin zurückzuführen. Als Gesamtmittel findet sich 2.65, gegenüber 3.20 in Davos und 2.85 in Kiel 1903—1908, in welcher Zeit die meisten Beobachtungen von mir herrühren. In Kiel sind übrigens mehrere unerklärliche Sprünge des Verhältnisses Grün : Rot vorgekommen. In Kolberg bleibt also im Mittel der Anteil des roten und grünen Lichts bei jedem Wetter und in allen Sonnenhöhen ungefähr gleich. Ein deutlicher jährlicher Gang tritt hervor beim Verhältnis Blau : Rot, das im Mittel 6.6 beträgt und seinen höchsten Wert 7.7 im Dezember, seinen tiefsten 5.2 im Juni aufweist. Im Sommer wird der blaue Anteil vor allem durch die weißen Wolken herabgedrückt.

Das Schattenlicht hat viel mehr grünes und vor allem blaues Licht. Als mittleres Verhältnis Grün : Rot findet sich 3.1 (in Davos 4.8), Blau : Rot 9.2, oder wenn man nicht die Monatsmittelwerte, sondern alle Einzelwerte mittelt, 8.2. An wolkenlosen Tagen sind, wie die Tab. 30 zeigt, die Zahlen noch höher, am kleinsten sind sie bei Cu-Bewölkung. Der Anteil des grünen und vor allem des blauen Schattenlichts am Gesamtlicht ist an klaren Mittagen größer als der des roten Lichts. Im Sommer entfällt auf die Schattenhelligkeit mittags $8^o/_o$ im Rot, $10^o/_o$ im Grün und $13^o/_o$ im Blau, im Winter $45^o/_o$ im Rot, $56^o/_o$ im Grün und $70^o/_o$ im Blau. An einem klaren Wintertage kommen also mittags vom blauen Licht fast drei Viertel auf das Schattenlicht und nur ein Viertel auf das direkte Sonnenlicht.

Außer am Mittag wurde nun die Ortshelligkeit auch an allen wolkenlosen Tagen bei den Sonnenhöhen 10^0, 20^0, 30^0, 40^0 und 50^0 gemessen. Die Tab. 32 gibt die gesamten Mittelwerte in Rot, sowie die Verhältnisse Grün : Rot und Blau : Rot, und die Höchst- und Tiefstwerte bei den einzelnen Sonnenhöhen. Hinzugefügt sind drei Messungen, die bei 5^0 und 0^0 Sonnenhöhe ausgeführt wurden. Es war natürlich nicht möglich, genau bei 20^0 usw. zu messen, sondern etwa bei 19^0 oder 21^0, es mußte also meistens eine $+$ oder $-$ Korrektion an der

Tab. 32. Mittel-, Höchst- und Tiefstwerte der Ortshelligkeit in Rot an klaren Tagen. (1000 Meterkerzen).

Sonnen-höhe	Anzahl der Messungen	Gesamthelligkeit						Anzahl der Messungen	Schattenhelligkeit			Von der Sonne herrührende Ortshelligkeit		
		Mittelwerte		Höchstwerte		Tiefstwerte								
		Rot	gr./r.	bl./r.	Wert	Datum	Wert	Datum		Rot	gr./r.	bl./r.	Rot	gr./r.	bl./r.
0°	3	0.24	2.8	6.8	0.30	2. XII.	0.18	2. V.	3	0.24	2.8	6.8	0	0	0
5°	3	1.9	2.9	6.2	3.0	2. XII.	1.4	2. V.	—	—	—	—	—	—	—
10°	19	5.7	2.6	6.8	6.9	6. XII.	5.1	27. VIII.	—	—	—	—	—	—	—
20°	42	14.9	2.4	5.4	17.4	18. V.	12.6	10. III.	4	4.2	3.9	8.8	(10.7	1.8	4.1)
30°	69	23.8	2.6	5.9	27.8	18. IV.	20.5	10. III.	14	5.3	3.5	8.0	18.5	2.3	5.3
40°	45	32.3	2.6	5.4	36.0	18. IV.	28.0	11. VIII.	11	5.3	3.5	7.8	27.0	2.4	4.9
50°	19	40.7	2.6	5.0	42.9	23. VII.	38.6	2. VII.	10	4.9	3.5	7.7	35.8	2.5	4.6

Beobachtung angebracht werden, die sich aus dem täglichen Gang des Meßtages ergab. Ferner ist zu berücksichtigen, daß auch an einigen Tagen beobachtet wurde, wo Wolkenspuren vorhanden waren. Zieht man dann noch die Meßfehler der Weberschen photometrischen Methode in Betracht, so ist man wohl berechtigt zu sagen, daß die Ortshelligkeit in Rot, in gleicher Sonnenhöhe gemessen, im großen und ganzen konstant ist. Das bestätigt die Tab. 33, wo die Werte für 20° und 30° monatsweise gemittelt sind. Die tieferen Werte vom Februar und März gegenüber dem April, Mai sind vielleicht durch anderes Benzin zu erklären. Das Verhältnis

Tab. 33. Monatliche Mittel-, Höchst- und Tiefstwerte der Ortshelligkeit in Rot an klaren Tagen bei 20° und 30° Sonnenhöhe.

Monat	Anzahl der Messungen	20°			Anzahl der Messungen	30°		
		Mittel	Max.	Min.		Mittel	Max.	Min.
April	9	15.6	16.9	13.5	12	25.3	27.8	21.9
Mai	9	15.5	17.4	13.6	13	23.5	26.0	21.2
Juni	3	14.4	14.6	14.1	12	24.1	26.0	22.5
Juli	7	14.7	15.8	13.5	11	24.3	26.5	22.0
August	4	13.9	14.7	13.0	11	22.8	24.6	20.7
September	5	14.8	15.4	14.1	6	23.7	24.8	21.8
Oktober	3	14.8	16.0	14.1	1	23.0	—	—
Februar	1	14.0	—	—	—	—	—	—
März	2	13.2	13.6	12.6	3	21.0	21.7	20.5

Grün : Rot ändert sich bis zu 10° Sonnenhöhe wenig, bei kleineren Sonnenhöhen scheint es etwas zuzunehmen. Deutlicher ist diese Zunahme im Verhältnis Blau : Rot ausgeprägt, das bei Sonnenauf- und untergang etwa 7, bei 30° Sonnenhöhe 6, bei 50° Sonnenhöhe 5 beträgt. Die Rotwerte der gesamten Ortshelligkeit der Tab. 32 liegen, wie Kurve 6 der Fig. 3 zeigt, auf einer Graden, die bei etwa 3° die Axe schneiden würde. Aus dieser Normalkurve der Helligkeiten kann man die zu irgend einer Zeit herrschende Helligkeit berechnen, wenn man die Bewölkung kennt. Ein Beispiel mag das erläutern. Angenommen, es soll die Ortshelligkeit in Kolberg am 5. September um 8 Uhr morgens, einem Cirrustage mit Sonne, ermittelt werden. Der Sonnenhöhe am 5. September 8ᵃ, 21°, entspricht nach der Kurve die Ortshelligkeit in Rot 15 800 Meterkerzen für wolkenlosen Himmel. Da der Cirrus die Werte bei merklicher Sonne um etwa 20 % erhöht, so ergibt das 18 900 in Rot oder 36 000 in Weiß.

Daß die Ortshelligkeit sehr viel weniger schwankt als die direkte Sonnenstrahlung, erklärt sich aus dem Anwachsen des Schattenlichts bei geschwächter Sonne. Im Mittel ist, wie die Tab. 32 zeigt, die Schattenhelligkeit ungefähr bei den Sonnenhöhen 20—50° konstant, solange nicht Wetteränderungen eintreten. Das wird durch Tab. 34 bestätigt, die Schattenlichtmessungen von 5 wolkenlosen Tagen enthält. Starke Änderungen der Schattenhelligkeit wies z. B. der 19. Mai 1914 auf (Tab. 34), wo vormittags starker Dunst herrschte, der bei 40° Sonnenhöhe die Schattenhelligkeit auf 10300 Kerzen in Rot steigen ließ (Weißwert etwa 21 000). Es ist das der größte Wert, der in Kolberg für das Schattenlicht gemessen wurde. Mittags nahm bei abnehmendem Dunst auch die Schattenhelligkeit ab. Gleichzeitig stieg das Verhältnis Blau : Rot, das bei 40° 5.9 betragen hatte, auf 7.0. Die Schattenhelligkeit stellt also ein gutes Maß dar für die Trübung der Luft. Interessant ist ein Vergleich zwischen der Wärmestrahlung der Sonne und der Schattenhelligkeit. Je kleiner die Strahlung, um so größer ist das Schattenlicht. Sowie die Strahlung zunimmt, nimmt das Schattenlicht ab. Ist nachmittags die Sonnenstrahlung kleiner als vormittags, so ist sicherlich die Schattenhelligkeit stärker geworden usw.

Tab. 34. Täglicher Gang der Schattenhelligkeit an klaren Tagen. (1000 Meterkerzen.)

Datum	Vormittag				Mittag	Nachmittag			
	20°	30°	40°	50°		50°	40°	30°	20°
1914									
Mai 16.	4.2	4.8	5.0	—	4.8	—	5.4	5.0	4.6
18.	3.8	4.5	4.5	—	4.0	—	4.2	4.4	4.3
19.	—	9.3	10.3	—	6.8	—	—	—	—
Juni 6.	—	4.3	4.4	4.5	3.8	—	—	—	—
13.	—	5.2	4.7	5.0	(6.6)[1]	4.9	4.8	4.5	—

[1]) Bewölkung 1¹ cu

Tab. 35. Ortshelligkeiten in Rot bei Sonnenuntergang. (In Meterkerzen.)

Sonnenhöhe	2. Dez.	18. Mai
+ 5°	3000	—
+ 3°	1200	1180
+ 1°	510	570
0°	300	230
— 1°	200	120
— 3°	72	15
— 5°	19	6

Bei gleicher Himmelsbläue nimmt die Schattenhelligkeit nicht mehr stark zu mit steigender Sonne, es ändert sich nur die Helligkeit der Sonne. Es muß also jeden Morgen und jeden Abend bei etwa 12° Sonnenhöhe der Fall eintreten, der mittags nur im Dezember vorkam, daß die Sonnenhelligkeit gleich der Schattenhelligkeit wird. Bei kleineren Sonnenhöhen wird natürlich auch die Schattenhelligkeit stark abnehmen. Vermutlich fängt das schon bei Sonnenhöhen über 10° an. Neue Messungen der Schattenhelligkeit in Potsdam lieferten bei 10° schon deutlich kleinere Werte als bei 15° und 20° Sonnenhöhe. Auch über 20° tritt noch eine, wenn auch viel kleinere Zunahme ein. Die in Tab. 32 mit enthaltenen Ortshelligkeiten bei 0° Sonnenhöhe, die in dem Augenblick gemessen wurden, als die Sonne gerade unter dem Horizont verschwand, rühren allein vom Schattenlicht her. Die Tab. 35 gibt die Abnahme der Ortshelligkeit (Gesamthelligkeit) an zwei klaren Abenden im Mai und Dezember. Der Abfall ist im Mai viel rascher, trotzdem bei etwa —2° Sonnenhöhe ein Purpurlicht einsetzte, das im Dezember fehlte.

Der Anteil des grünen Lichts ist bei den Messungen der gesamten Ortshelligkeit bei verschiedenen Sonnenhöhen an klaren Tagen kaum anders als bei den Mittagsmessungen. Wieder ergibt sich das Verhältnis Grün : Rot zu 2.6. Die Abweichung bei 20° ist wohl zufällig. Bei den Schattenhelligkeiten an klaren Tagen findet sich, abgesehen von den wenigen Beobachtungen bei 20°, Grün : Rot zu 3.5. Das Verhältnis Blau : Rot nimmt mit wachsender Sonnenhöhe deutlich ab, und zwar sowohl bei der Gesamthelligkeit als beim Schattenlicht, und, wie die Tab. 32 zeigt, auch beim direkten Sonnenlicht. Der blaue Anteil nimmt demnach vormittags etwas langsamer zu und nachmittags langsamer ab als der grüne und rote Anteil.

In den Tab. 32, 33 sind die Gesamthelligkeiten an klaren Tagen gemittelt worden ohne Rücksicht darauf, ob am Vor- oder Nachmittag gemessen wurde. Eine Trennung nach diesem Gesichtspunkt ergibt bei 40° von 10 Doppelbeobachtungen am selben Tage 5 mal höhere Vormittagswerte, 2 mal höhere Nachmittagswerte, 3 mal wenig Unterschied; bei 30° von 19 Doppelbeobachtungen 10 mal höhere Vormittagswerte (meist in der Zeit von April bis Juni) und nur 1 höheren Nachmittagswert, 8 mal gleiche Werte; bei 20° von 7 Doppelmessungen 7 mal höhere Vormittagswerte im April, Mai, September und Oktober. Im Mittel sind also zweifellos die Vormittagswerte vor allem im Frühjahr und Herbst höher, meistens um 5—10 %, manchmal um 15 %. In Davos war es umgekehrt.

Die Differenz $H_o - H_s$, die allein von der Sonne herrührende Beleuchtungsstärke der wagerechten Milchglasscheibe ist ebenfalls in der Tab. 32 enthalten. Bei Grün und Blau sind wieder gleich die Verhältnisse zum Rot angegeben worden. Man erkennt eine deutliche Zunahme des grünen, sowie eine Abnahme des blauen Anteils mit wachsender Sonnenhöhe. Daß die Sonne bei ihrem Steigen an grünen Strahlen mehr gewinnt als an roten, ist bereits von Dorno in Davos durch direkte und indirekte Messungen der Sonnenhelligkeit gezeigt worden. Anscheinend ist dieses Anwachsen in der Tiefebene größer als im Hochgebirge, wo es von 10—60° nur etwa 5 % betrug[1]). Aus der Größe $H_o - H_s$ ist die Größe H_s, die Sonnen-

---

[1]) Dorno, Studie S. 24.

helligkeit, berechnet worden. Die Tab. 36 enthält außer den Rot-Werten die Grün- und Blauwerte, sowie die aus dem Verhältnis Grün : Rot nach der Weberschen Tabelle berechneten Äquivalenzwerte in Weiß. Die mittlere Helligkeit der Sonne an klaren Tagen war danach in Kolberg in 20^0 Sonnenhöhe etwa 47000 Hefnerkerzen äquivalent; bei 50^0 steigt dieser Wert auf 86000 Kerzen.

Tab. 36. Sonnenhelligkeiten. (1000 Meterkerzen.)

Sonnenhöhe	Rot	Grün	Blau	Äquivalenzwert
20^0	31.2	56.7	127	46.8
30^0	37.0	86.6	196	64.8
40^0	42.0	102	207	75.6
50^0	46.7	116	217	85.9

Aus diesen beiden Äquivalenzwerten für 20^0 und 50^0 würde sich ein Transmissionskoeffizient für das sichtbare Sonnenlicht von 0.685 berechnen. Der Transmissionskoeffizient im Rot ist 0.78; für Grün 0.64, Blau 0.72. Da mit wachsender Sonnenhöhe der grüne Anteil stärker zunimmt, muß der Transmissionskoeffizient für Grün kleiner, für Blau, das sich umgekehrt verhält, wieder größer sein. Die Davoser Zahlen sind höher, 0.81 für Rot und 0.80 für Grün. Mit dem Transmissionskoeffizienten 0.685 würde sich nach der Bouguerschen Formel aus dem 50^0-Äquivalenzwert die äquivalente Sonnenhelligkeit von 141000 Meterkerzen am Rande der Atmosphäre (Solarkonstante für sichtbares Licht) berechnen. Diese Zahl ist ganz bedeutend höher als die 1886 von Michalke in Breslau[1]) berechnete 84000, erreicht aber nicht die von Dorno aus den Davoser Messungen abgeleitete von 188000.

Täglicher Gang der Ortshelligkeit an klaren Tagen. Ähnlich wie bei der direkten Sonnenstrahlung sind, getrennt nach Rot, Grün und Blau, die Messungen an den wolkenlosen Tagen monatsweise gemittelt worden. Die Tab. 37 enthält die Rotwerte, und zwar sind September und Oktober einerseits, November bis März andererseits zusammengefaßt worden. Man sieht aus der Tabelle und der Fig. 6, daß vor allem nachmittags die Abweichungen in den einzelnen Monaten recht gering sind. Heraus fallen nur der April, der zu hohe, und der

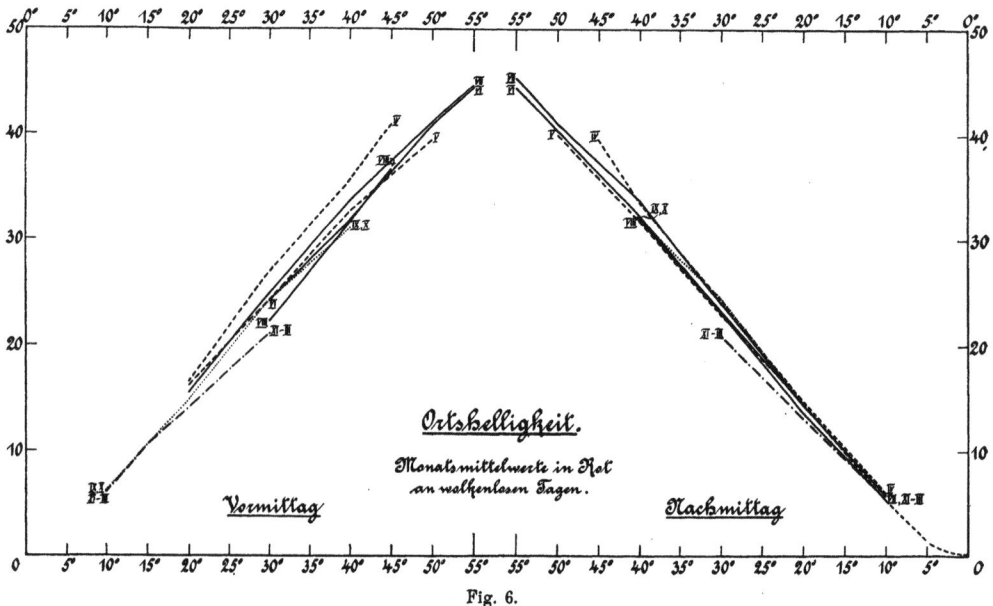

Fig. 6.

---

[1]) C. Michalke: Über die Extinction des Sonnenlichts in der Atmospäre. Inaug.-Dissertation.

Tab. 37. **Täglicher Gang der Ortshelligkeit an klaren Tagen nach Sonnenhöhen. (1000 Meterkerzen.)**

Monat	Anzahl der Tage	Vormittag						Anzahl der Tage	Nachmittag					
		10⁰	20⁰	30⁰	40⁰	50⁰	55⁰		55⁰	50⁰	40⁰	30⁰	20⁰	10⁰
April	3	—	16.6	27.0	35.7			4			33.5	24.3	14.8	6.0
Mai	4	—	16.2	24.3	32.7	39.5		4		40.0	31.7	23.0	14.6	5.3
Juni	6	—	—	24.3	31.8	40.9	44.5	4	44.5	40.3	32.3	23.3	14.5	—
Juli	5	—	15.5	25.0	33.7	41.2	44.7	6	45.4	41.0	32.7	24.0	14.4	5.8
August	4	—	—	22.3	31.7			5			31.9	23.1	13.7	5.4
Septbr.-Oktbr.	5	6.2	14.9	24.3	31.1			4			31.3	24.5	14.6	5.8
Winter	(4)	6.0	—	21.2				(4)				21.0	13.2	5.5
Rot-Mittel	31	(6.1	15.8)	24.1	32.8	40.5	44.6	31	45.0	40.4	32.2	23.3	14.3	5 6
Grün- »	»	(18	38)	62	87	109	115	»	115	108	85	59	33	15
Blau- »	»	(41	81)	143	184	205	229	»	230	203	182	140	76	36

Winter, der zu tiefe Werte liefert. Am Schlusse der Tab. 37, sowie in der Fig. 7 sind die aus den 7 Monatswerten erhaltenen Jahresmittel für Rot, Grün und Blau zusammengefaßt worden. In Rot erhält man wieder Vor- und Nachmittags eine Grade, die, verlängert, bei etwa 3⁰ die Axe schneiden würde; in Grün sind die 20⁰-Werte etwas zu klein, in Blau umgekehrt die Werte bei 30⁰ und 40⁰ zu hoch. Eine Berechnung der Transmissionskoeffizienten aus diesen Zahlen ergibt ähnliche Werte wie aus den Gesamtmitteln (S. 32). Man erhält wieder die kleinsten Werte für Grün, höhere für Rot und Blau.

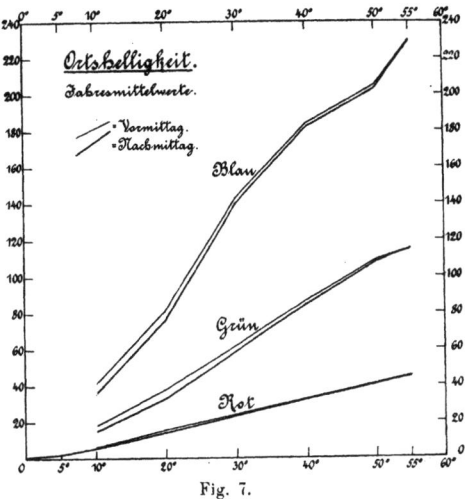

Fig. 7.

Helligkeitssummen. Für den 16. eines jeden Monats wurde aus der Normalkurve der Helligkeit (Fig. 3) zu jeder vollen Stunde mit Hilfe der bekannten Sonnenhöhe der Ortshelligkeitswert in Rot, gültig für einen wolkenlosen Tag, entnommen. Durch planimetrische Auswertung, ähnlich wie bei der Wärmestrahlung, ergab sich so die Helligkeitssumme in Rot der ersten Reihe Tab. 38. Um den Einfluß der Bewölkung zu erhalten, wurde der normale Mittagswert für den 16. jeden Monats in Beziehung gesetzt zu dem in Tab. 27 enthaltenen wirklich gemessenen mittleren Mittagswert des Monats. Das ergab folgende Prozentzahlen des Normalwerts (Werts für wolkenlosen Tag):

Jan.	Febr.	März	April	Mai	Juni	Juli	Aug.	Sept.	Okt.	Nov.	Dez.
50	61	53	83	67	75	82	78	77	49	40	54 %

Man erkennt wieder die Abweichungen des einen Meßjahres. April liefert offenbar eine viel zu geringe Abschwächung durch die Bewölkung, ebenso Juli, dagegen März, Oktober und November eine zu starke. Multipliziert man die Helligkeitssummen der wolkenlosen Tage mit diesen Prozentzahlen, so ergibt sich die zweite Reihe der Tab. 38. Die Helligkeitssummen für die Monatsmitte in Weiß erhält man durch Multiplikation der zweiten Reihe mit 1.9. Die

Tab. 38. **Helligkeitssummen in Rot (1000 Hefnerkerzenstunden) um die Monatsmitte.**

	16. I.	16. II.	16. III.	16. IV.	16. V.	16. VI.	16. VII.	16. VIII.	16. IX.	16. X.	16. XI.	16. XII.
wolkenlos	42	95	187	298	370	422	398	326	227	130	78	25
mit Bewölkung	21	58	99	247	248	316	326	254	175	64	31	14

Tab. 39 gibt die monatlichen Helligkeitssummen in Weiß der Meßzeit 1914/15, die erste Reihe für wolkenlosen Himmel, die zweite unter Berücksichtigung der Bewölkung. Die wirklich gemessene Jahressumme 106 700 000 Meterkerzenstunden beträgt 70 % der bei klarem Himmel und bei einer wagerechten Fläche möglichen, und etwa 34 % der bei einer zur Sonnenrichtung senkrecht stehenden Fläche möglichen (gegenüber 52 % bezw. 25 % bei der Wärmestrahlung).

Tab. 39. **Monatliche Helligkeitssummen der wagerechten Fläche in Weiß.**
(1000 Meterkerzenstunden.)

	Jan.	Febr.	März	April	Mai	Juni	Juli	Aug.	Sept.	Okt.	Nov.	Dez.	Jahressumme
wolkenlos	2474	5054	11014	16986	21719	24054	23363	19136	12939	7631	4446	1467	150 283
mit Bewölkung	1237	3080	5828	14070	14601	18000	19189	14973	9960	3782	1770	837	106 730

III. **Das Vorderlicht.** Die Messungen des Vorderlichts wurden ebenfalls in erster Linie mittags ausgeführt. Außer in den 4 Himmelsrichtungen wurde seit Mai 1914 auch die Helligkeit der Ebene senkrecht zur Sonnenstrahlung gemessen. Diese Ebene hat die größte Helligkeit, die bei dem betreffenden Sonnenstand eintreten kann. Angenähert kann man sie aus der Ortshelligkeit (dem Oberlicht) berechnen, wenn man dieses durch den Sinus der Sonnenhöhe teilt. Die Tab. 40 gibt die monatlichen Mittel-, Höchst- und Tiefstwerte des Oberlichts und des Vorderlichts nach Süden senkrecht Sonne, Süden und Westen in Rot. Die Äquivalenzwerte in Weiß ergeben sich beim Oberlicht, sowie beim Vorderlicht nach Süden durch Multiplikation mit 1.9, beim Vorderlicht nach Westen, wo das Verhältnis Grün : Rot wegen des fehlenden direkten Sonnenlichts größer ist, durch Multiplikation mit 2.05 im Sommerhalbjahr, 1.95 im Winterhalbjahr. Die Berechnung auch für Osten und Norden auszuführen, erschien unnötig. Osten ist mittags im Mittel genau so hell wie Westen, Norden meistens auch. Nur im Sommerhalbjahr, wo über See die Cumulusbildung fehlt, ist Norden etwa 10 % dunkler anzusetzen als Osten und Westen.

Tab. 40. **Gesamthelligkeit in Rot (1000 Meterkerzen) der wagerechten Fläche, der Fläche senkrecht zur Sonnenstrahlung, sowie einer senkrechten Fläche nach Süden und Westen am Mittag.**

Monat	Mittelwerte				Höchstwerte				Tiefstwerte			
	Oberlicht	Süden senkr. Sonne	Süden	Westen	Oberlicht	Süden senkr. Sonne	Süden	Westen	Oberlicht	Süden senkr. Sonne	Süden	Westen
April	31.1	40[1])	28.9	5.9	52.5	65[1])	52.5	11.9	7.7	6.2	3.7	3 1
Mai	30 1	36[2])	20.5	6.2	63.4	75[2])	49.4	18.2	3 9	3 6[2])	2.0	1.9
Juni.....	35.7	42.7	23.6	7.1	54 7	66.0	36.6	15.5	5.8	5.6	2.8	3.1
Juli	37.9	47.2	27.0	6.3	57.0	70.7	38.8	13.5	11.0	9 2	4.0	3.4
August ...	31.0	41.4	27.1	7.1	45.8	62.7	40.3	12 4	7.7	7.3	3.6	3.3
September	23.9	32.4	23 9	6.2	41 4	58.6	43.0	10.4	3.5	3.0	1.7	1.4
Oktober...	10 4	14.5	11.4	4.3	31.6	55.2	45.1	11.7	0.8	0.6	0.5	0.5
November..	5.1	7.2	6.0	2.8	15.6	50[3])	47.3	8.4	1.9	1.0	0.8	0.8
Dezember .	4.4	8.9	7.2	2.4	10.5	55.6	43.3	6.6	0.9	0.5	0.4	0.35
Januar ...	5.1	7.2	6.2	2.9	12.4	38.2	30 9	7.4	0.8	0.4	0.34	0.4
Februar...	10.1	16.7	13.5	4.6	18 8	50.2	37.0	8.2	1.9	1.1	0.8	0.7
März	14.2	18.5	13.7	5.6	32.5	52.0	39.0	10.1	3.9	2 8	2.1	2.1
Jahr	19.9	26.1	17.4	5.1	63.4	75	52.5	18.2	0.8	0.6	0.34	0.35

[1]) Aus 13 Messungen extrapoliert.   [2]) Aus 18 Messungen extrapoliert.   [3]) Extrapoliert.

Die Ebene senkrecht zur Sonnenrichtung ist im Mittel 31 % heller als das Oberlicht, das Vorderlicht nach Süden dagegen 13 % dunkler. Während aber die Fläche senkrecht zur Sonnenstrahlung das ganze Jahr hindurch heller beleuchtet wird als die wagerechte Fläche, ist das Vorderlicht nach Süden im Sommer dunkler, im Winter heller als das Oberlicht (im Juni 34 % dunkler, im Dezember 64 % heller). An trüben Tagen ist in allen Jahreszeiten und bei allen Sonnenhöhen die Südseite dunkler. Die höchste Helligkeit der Fläche senkrecht zur Sonnenstrahlung ist etwa 75 000 Meterkerzen in Rot. Selbst im Dezember überschreitet sie 50 000 Kerzen. Der höchste Wert des Vorderlichts nach Süden 52 500 Meterkerzen in Rot trat im April ein. Das Vorderlicht nach Westen betrug im Mittel 5100 Meterkerzen in Rot, das sind 27 % vom Oberlicht. In den Einzelwerten schwankt das Vorderlicht nach Westen, Norden und Osten mittags lange nicht so stark als nach Süden, weil der direkte Sonnenschein fortfällt. Im Mittel ist mittags dieses Vorderlicht im Juni 3 mal so hell als im Dezember. Am hellsten war die Westseite an einem Cumulustage im Mai (18200 Meterkerzen in Rot), am dunkelsten im Dezember, wo sie denselben Tiefstwert wie auf der Südseite (350 Meterkerzen in Rot) erreichte. Die Höchstwerte im Dezember, die an Cirrus- und a-cu-Tagen eintreten, sind ebenso hoch wie die gleichzeitigen des Oberlichts an wolkenlosen Tagen. Dunkelblauer Himmel gibt im Sommer häufig kleineres Vorderlicht als ein Regentag (etwa 3000 Meterkerzen). An wolkenlosen Tagen mit weißblauem Himmel steigt dagegen das Vorderlicht unter Umständen auf mehr als das doppelte, so am 25. Juni, an welchem Tage die Schattenhelligkeit ihre größten Werte erreichte, nach W, N und O auf 6700 Meterkerzen in Rot.

Die Mittagsbeobachtungen des Vorderlichts wurden außerdem nach der Bewölkung getrennt gemittelt. Die Tab. 41 enthält die Ergebnisse, 42 die Höchst- und Tiefstwerte in den einzelnen Monaten in relativem Maß, Oberlicht = 100 gesetzt. Die Zahlen für die wolkenlosen Tage bringen die Bestätigung der schon erwähnten Resultate. Die Fläche, die senkrecht steht zur Sonnenstrahlung, ist am 21. Juni 1.2, am 21. Dezember 5.5 mal so hell als die Ortshelligkeit. Das Vorderlicht nach Süden beträgt im Juni zwei Drittel, im Dezember das 4fache des Oberlichts (der Ortshelligkeit). Bei dunkelblauem Himmel beträgt im Sommer das Vorderlicht nach W, N, O nur 8 %$_0$ der Ortshelligkeit, bei weißlichem Himmel 15 %$_0$. Diese relative Helligkeit steigt dann erst langsam, dann schneller mit abnehmender Sonnenhöhe. Sie beträgt am 21. September 20 %, Mitte Oktober bereits 40 %, Ende Dezember etwa 70 %, um Ende März wieder unter 20 % zu gehen. Je höher also die Sonne steht, um so dunkler im Verhältnis zur Ortshelligkeit ist das Vorderlicht, das keinen direkten Sonnenschein bekommt. Die absoluten Werte bleiben aber während des ganzen Jahres an wolkenlosen Tagen mittags ungefähr gleich, denn 8 % des Höchstwerts in Rot 48300 Meterkerzen und 60—70 % des Tiefstwerts 7000 ergeben annähernd dasselbe. Die Mittagshelligkeit nach W, N und O wird also stärker vom diffusen Licht beeinflußt als von den jahreszeitlichen Änderungen.

Die Tab. 41 gibt ferner die Mittelwerte an trüben Mittagen; die Höchst- und Tiefstwerte nach Osten sind mit in Tab. 42 enthalten. Im Mittel beträgt das Vorderlicht nach allen vier Himmelsrichtungen 45 %$_0$ des Oberlichts. Der etwas höhere Wert 50 nach S ist wohl darauf zurückzuführen, daß einige nicht ganz trübe Tage mit hinzugenommen worden sind. Der Unterschied in den Jahreszeiten ist nicht sehr groß. Nur im Januar und März war das Vorderlicht etwas größer. Die relative Helligkeit kann schwanken zwischen 28 (Juni) und 68 (Januar). Als Mittel aller Tage mit dichtem Nebel fand sich 48 (Höchstwert 59, Tiefstwert 43), aller Tage mit stärkerem Schneefall 54 (Höchstwert 59, Tiefstwert 43), aller trüben Tage mit einer geschlossenen Schneedecke 56 (Höchstwert 68, Tiefstwert 43). Groß ist also der Unterschied zwischen den verschiedenen trüben Tagen nicht. Das Vorderlicht hängt wohl im wesentlichen von der Dicke der Stratus- oder Nimbusschicht ab. Der Zenith wird um so heller, je dünner die Wolkendecke ist.

Tab. 41. Mittelwerte des relativen Vorderlichts (Oberlicht = 100).

I. An klaren Mittagen.

Monat	April	Mai	Juni	Juli	Aug.	Sept.	Okt.	Nov.	Dez.	Jan.	Febr.	März	Jahresmittel
Anzahl der Messungen	11	11	8	10	10	3	3	2	3	2	4	3	
O	13	10	11	12	13	14	46	50	58	67	36	22	
S	107	83	68	72	94	105	188	350	410	320	200	140	
W	14	12	10	11	15	17	47	50	61	72	38	20	
N	13	11	10	11	13	15	43	50	58	63	37	20	
S ⊥ Sonne	150	130	124	129	142	148	220	>300	520	380	260	190	

II. An trüben Mittagen.

	April	Mai	Juni	Juli	Aug.	Sept.	Okt.	Nov.	Dez.	Jan.	Febr.	März	
Anzahl der Messungen	3	13	7	8	6	7	15	18	16	17	12	15	137
O	45	47	43	44	43	42	43	44	42	51	47	49	45
S	54	50	50	52	48	51	44	46	44	52	48	58	50
W	45	48	44	40	44	39	41	44	41	50	47	51	44
N	46	47	47	41	45	44	41	44	42	51	47	51	45
S ⊥ Sonne	87	90	98	98	101	88	72	64	54	64	65	81	80

III. An Mittagen mit Cirrus.

Anzahl der Messungen	3	2	3	2	5	4	1	0	6	3	7	3
O	20	11	12	15	15	17	63	—	58	56	48	43
S	95	81	66	78	91	119	204	—	170	140	170	120
W	21	14	14	13	19	19	59	—	62	56	47	42
N	21	11	13	14	15	17	59	—	58	56	47	41
S ⊥ Sonne	120	120	121	127	138	160	210	—	190	170	200	150

IV. An Mittagen mit Cumulus.
a) mit Sonne.

Anzahl der Messungen	11	3	8	8	10	10	4	5	1	3	2	4
O	23	39	21	17	27	21	36	62	63	57	59	40
S	95	73	69	74	81	112	94	133	190	164	94	125
W	27	36	21	12	27	26	36	66	68	70	66	38
N	18	31	20	14	27	21	36	65	63	60	60	36
S ⊥ Sonne	140	94	122	129	126	147	132	158	200	210	115	165

b) ohne Sonne.

Anzahl der Messungen	0	0	4	4	1	3	0	4	3	4	3	4
O			42	49	40	54		59	56	56	50	55
S			67	80	63	97		78	64	80	75	89
W			39	40	51	56		74	56	59	49	55
N			38	40	40	55		60	53	59	49	54
S ⊥ Sonne			115	120	100	129		102	70	96	103	125

Tab. 42. Höchst- und Tiefstwerte des Vorderlichts (Oberlicht = 100).

Monat	An klaren Mittagen						An trüben Mittagen	
	Süden senkr. Sonne		Süden		Osten		Osten	
	Max.	Min.	Max.	Min.	Max.	Min.	Max.	Min.
April	180	—	137	94	23	9	54	37
Mai	137	124	94	69	17	8	57	35
Juni.....	130	117	73	65	15	8	51	28
Juli	130	123	78	65	15	9	62	36
August . .	151	136	105	78	17	10	47	34
September. . .	157	137	109	100	15	13	51	33
Oktober . . .	240	200	196	180	51	39	51	39
November . .	—	210	430	280	51	—	51	39
Dezember . . .	550	480	430	380	73	39	47	39
Januar . . .	380	380	340	300	51	39	68	39
Februar . . .	380	200	280	160	54	28	54	43
März	200	170	150	117	33	15	59	39
Jahr.....	550	120	430	65	88	8	68	28

Der Einfluß des Cirrus ist ebenfalls der Tab. 41 zu entnehmen. Man erkennt im Vorderlicht nach Westen, Norden und Osten eine leichte Erhöhung der Werte gegenüber den wolkenlosen Tagen. Dagegen ist die Südseite meistens etwas dunkler, weil der direkte Sonnenschein durch die Cirruswolken geschwächt wird. Beim Cumulus ist scharf zu unterscheiden, ob die Sonne frei oder von der Wolke verdeckt ist. Das gibt (s. Tab. 41) eine ganz anders geartete Helligkeitsverteilung. Bei freier Sonne ist das Vorderlicht nach W, N und O im Frühjahr und Sommer, also bei größerer Sonnenhöhe, durchweg höher als bei wolkenlosem oder cirrösem Himmel, im Winter, also bei kleinen Sonnenhöhen, ungefähr gleich. Bei verdeckter Sonne sind diese relativen Helligkeiten im Sommer noch größer als bei freier Sonne, im Winter dagegen kleiner als bei klarem Himmel. Sie nähern sich dann allgemein bei allen Sonnenhöhen den für trübes Wetter gültigen Zahlen, nur daß Süden stets bedeutend heller bleibt. An einigen Tagen konnte der Einfluß der schwindenden Sonne verfolgt werden. Am 10. Juni stieg, während die Ortshelligkeit in Rot von 53000 auf 19000 sank, das relative Vorderlicht nach Osten von 17 auf 47; die absolute Helligkeit nach Osten blieb also nahezu unverändert;

am 21. Juni nahm unter ähnlichen Verhältnissen Osten von 13 auf 34, Süden von 65 auf 74 zu, Süden senkrecht zur Sonne von 123 auf 117 ab. Die absolute Helligkeit nach Süden wird natürlich, obwohl die relative zunimmt, erheblich kleiner.

Außer an den Mittagen ist in Kolberg an wolkenlosen Tagen das Vorderlicht nach den vier Himmelsrichtungen von 10 zu 10⁰ zusammen mit der Ortshelligkeit gemessen worden. Da nach Kriegsausbruch diese Beobachtungen aus Mangel an Zeit stark eingeschränkt werden mußten, drängt sich das Material im wesentlichen auf die Zeit von Mitte April bis Mitte August zusammen. Es ist daher nicht möglich, wie es beabsichtigt war, für den 1. und 15. jeden Monats den Gang des Vorderlichts von morgens bis abends abzuleiten. Die Tab. 43 enthält die relativen Helligkeiten, bezogen auf das Oberlicht = 100, sowie die absoluten Helligkeiten in Rot für alle vier Himmelsrichtungen, getrennt nach Sonnenhöhen für 8 Monatsmitten

Tab. 43. Vorderlicht an klaren Tagen in Abhängigkeit von der Sonnenhöhe.

1. Osten.
a) Relative Helligkeiten (Oberlicht = 100)

Sonnenhöhe		Mitte April	Mitte Mai	Mitte Juni	Mitte Juli	Mitte August	10. Sept.	14. Okt.	10. März
Vormittag	20^0	240	280	220	260	—	200	120	—
	30^0	140	140	160	170	140	100		
	40^0	46	94	110	120	100			
	50^0			59	73				
Mittag		12	11	11	9	11	13	47	33
Nachmittag	50^0			9	11				
	40^0	16	13	11	13	11			
	30^0	21	18	15	17	13	13		
	20^0	27	25	23	25	22	20		59
	10^0	52	40	—	—	47	58	—	93

b) Absolute Helligkeiten in Rot. (1000 Meterkerzen.)

Vormittag	20^0	39.0	45.9	31.7	39.8	—	29.2	16.9	—
	30^0	39.0	35.4	39.0	44.2	31.9	24.8		
	40^0	16.1	32.0	36.3	42.0	30.3			
	50^0			24.8	31.0				
Mittag		5.0	4.9	5.2	4.3	4.3	4.0	10.3	6.8
Nachmittag	50^0			3.6	4.6				
	40^0	5.2	4.0	3.6	4.4	3.5			
	30^0	5.2	4.2	3.4	4.4	3.2	3.2		7.4
	20^0	4.1	3.9	3.3	3.8	3.2	2.8		
	10^0	3.0	1.4	—	—	2.9	3.5	—	4.7

2. Süden.
a) Relative Helligkeiten.

Vormittag	20^0	140	38	26	26	—	150	340	—
	30^0	140	70	30	48	100	130		
	40^0	110	80	60	52	88			
	50^0			68	63				
Mittag		100	83	68	73	94	100	190	150
Nachmittag	50^0			47	26				
	40^0	75	63	39	17	73			
	30^0	46	39	17	29	48	83		
	20^0	25	27	20	25	26	68		200
	10^0	36	47	—	32	39	46	—	140

b) Absolute Helligkeiten in Rot.

Vormittag	20^0	22.4	6.2	3.7	4.0	—	21.9	42.3	—
	30^0	39.2	17.7	7.3	12.5	22.8	32.2		
	40^0	38.5	27.2	19.8	18.2	26.4			
	50^0			28.6	26.8				
Mittag		42.1	37.3	32.4	35.0	36.7	31.0	41.8	34.8
Nachmittag	50^0			19.3	11.2				
	40^0	24.0	19.5	12.9	6.0	23.1			
	30^0	11.5	9.0	3.9	7.5	11.7	20.6		25.2
	20^0	3.8	4.2	2.9	3.8	3.8	9.6		
	10^0	2.0	2.7	—	1.9	2.4	2.7	—	7.0

3. Westen.
a) Relative Helligkeiten.

Sonnenhöhe	Mitte April	Mitte Mai	Mitte Juni	Mitte Juli	Mitte August	10. Sept.	14. Okt.	10. März
Vormittag 20⁰	22	16	16	16	—	17	20	—
30⁰	16	13	10	15	15	13		
40⁰	14	9	8	13	11			
50⁰			8	11				
Mittag	16	11	9	9	13	17	47	30
Nachmittag 50⁰			88	68				
40⁰	120	130	130	130	100			
30⁰	200	180	170	180	160	140		
20⁰	310	280	260	240	300	300		180
10⁰	550	190	—	380	390	480		550

b) Absolute Helligkeiten in Rot.

Sonnenhöhe	Mitte April	Mitte Mai	Mitte Juni	Mitte Juli	Mitte August	10. Sept.	14. Okt.	10. März
Vormittag 20⁰	3.5	2.5	2.3	2.4	—	2.5	2.8	—
30⁰	4.5	3.0	2.4	3.9	3.4	3.2		
40⁰	4.9	3.1	2.6	4.5	3.3			
50⁰			3.4	4.7				
Mittag	6.9	5.0	4.3	4.3	5.0	5.3	10.3	6.2
Nachmittag 50⁰			35.3	28.5				
40⁰	38.4	40.3	42.9	45.5	31.7			
30⁰	50.0	41.8	39.1	46.8	38.9	34.7		22.7
20⁰	46.5	43.1	37.3	36.5	44.1	42.3	—	22.7
10⁰	31.4	10.8	—	22.0	24.2	28.3	—	27.5

4. Norden.
a) Relative Helligkeiten.

Sonnenhöhe	Mitte April	Mitte Mai	Mitte Juni	Mitte Juli	Mitte August	10. Sept.	14. Okt.	10. März
Vormittag 20⁰	31	30	49	56	—	29	90?	—
30⁰	24	21	15	40		23		
40⁰	12	17	15	—				
50⁰								
Mittag	12	11	9	9	11	15	42	30
Nachmittag 50⁰			9	—				
40⁰	21	16	22	19	—			
30⁰	25	23	23	32	20	17		
20⁰	27	35	83	89	35	29	—	30
10⁰	160	100	—	180	80	61	—	63

b) Absolute Helligkeiten in Rot.

Sonnenhöhe	Mitte April	Mitte Mai	Mitte Juni	Mitte Juli	Mitte August	10. Sept.	14. Okt.	10. März
Vormittag 20⁰	5.0	4.6	7.1	8.6	—	4.2	12.7?	—
30⁰	6.7	4.9	3.6	10.4		5.7		
40⁰	4.2	5.8	5.0	—				
50⁰			—					
Mittag	5.2	5.0	4.3	4.3	4.3	4.6	9.2	6.2
Nachmittag 50⁰			4.0	—				
40⁰	6.7	5.0	7.3	6.6	—			
30⁰	6.3	5.3	5.3	8.3	4.8	4.2		
20⁰	4.1	5.4	12.0	13.5	5.2	4.1	—	3.8
10⁰	9.6	5.7	—	10.4	5.0	3.6	—	3.2

(April, Mai, Juni, Juli, August, September, Oktober und März). Dabei sind die April- bis Augustwerte aus mehreren um den 15. herumliegenden Tagen gemittelt worden. Eine ganze Reihe von weiteren Einzelmessungen sind in der Tabelle nicht mit enthalten.

Die Südseite ist an wolkenlosen Tagen am hellsten im Winter; Höchstwert etwa 50 000 Meterkerzen in Rot, die Helligkeit nimmt dann schnell am Vormittag zu, um Nachmittags genau so rasch wieder zu sinken. Im Sommer ist diese Zu- und Abnahme wesentlich langsamer, die Mittagswerte sind kleiner als im Winter und bisweilen etwas kleiner als einige Zeit vor- und nach Mittag.

An der Westseite steigt vormittags die Helligkeit sehr langsam, um mittags ruckweise auf etwa das 8fache zu wachsen und dann im Sommer allmählich, im Winter schneller zuerst noch weiter zu- und dann abzunehmen. Die Höchstwerte (etwa 50 000 Meterkerzen in Rot) sind von April bis Oktober nicht sehr verschieden, im Winter werden diese hohen Werte nicht erreicht. Die Ostseite verhält sich ganz ähnlich wie die Westseite, nur daß Vormittag und Nachmittag zu vertauschen sind. Die Erklärung für diese wechselnden Helligkeiten ergibt sich aus der Sonnenhöhe und aus der Richtung, in welcher die direkten Lichtstrahlen die feste Fläche treffen. Die Helligkeit ist stets dann am größten, wenn die Sonnenstrahlen ungefähr senkrecht auffallen. Das ist im Winter im Westen und Osten nicht möglich, so daß die höchsten Helligkeiten von April bis August eintreten müssen.

Die Nordseite endlich kann niemals die großen Helligkeiten der drei anderen Himmelsrichtungen erreichen. Sie nimmt nur dann höhere Werte an, wenn im Sommer frühmorgens oder spätabends die Sonne von Osten oder Westen auch auf die Nordseite herumgreift. Dann treten die Höchstwerte ein (etwa 15000 Meterkerzen in Rot). Mittags ist die Nordseite stets dunkler als morgens und abends; nur bei weißblauem Himmel kann dann infolge des vermehrten diffusen Lichts der normale Wert 4000 um etwa das Doppelte überschritten werden.

Der Einfluß der Bewölkung am Vor- und Nachmittag ist nicht gemessen worden. Er läßt sich aber aus den sich über das ganze Jahr erstreckenden Mittagsmessungen ziemlich leicht berechnen. Es ist also möglich, zu jeder Tages- und Jahreszeit und bei jedem Wetter für Kolberg die Helligkeit des Oberlichts und des Vorderlichts anzugeben. In dem Beispiel auf S. 30, wo das Oberlicht den Wert 36000 Meterkerzen in Weiß hatte, würde das Vorderlicht nach Osten etwa 70000, nach Süden etwa 47000, nach Westen 7000, nach Norden 11000 Meterkerzen in Weiß betragen haben.

7. Messungen der durchdringenden Strahlung.

a) Apparat. Der im Herbst 1913 von Günther und Tegetmeyer gelieferte Wulfsche Strahler[1]) (Nr. 3958) gehörte dem von Kolhörster verbesserten Typ an, wie er damals vor allem bei Ballonfahrten benutzt wurde. Der aufrecht stehende Meßzylinder, dessen Zinkwände, um nachts nicht zu großen Abfall zu erhalten, etwas verdickt waren, hatte einen wirksamen Mehrraum von 2322 cm^3. Als Fäden dienten nicht wie sonst bestaubte Quarz-, sondern Platin (Wolleston)fäden, die sich aber ebensowenig wie die Quarzfäden als frei von elastischen Nachwirkungen erwiesen, trotzdem der Strahler Temperaturkompensation besaß und nach dem Vorschlag von Dorno[2]) in einen wattegefüllten Holzkasten eingebaut war. Die Auflagung erfolgte mittels einer magnetischen Kontaktvorrichtung von außen her. Weil bei den Vorversuchen in Potsdam bei 1 und 2 stündiger Ablesung Sprünge auftraten, die zweifellos nicht reell waren, wurde bald nur zwei mal täglich, morgens und abends abgelesen und neu aufgeladen. Das erhaltene Material zerfällt dadurch in zwei Teile, wobei die Nachtmessungen die Tagesmessungen überwiegen, da an klaren Tagen das Wulfelektrometer seit August 1914 in Verbindung mit der Zinkzelle zur Messung des ultravioletten Sonnenlichts benutzt wurde.

Die dem Strahler von Günther und Tegetmeyer beigegebene Eichtabelle hat sich im Laufe der Versuchszeit nicht wesentlich geändert.

b) Ergebnisse. Bei den Vorversuchen in Potsdam stand der Strahler zum Teil in einer großen englischen Hütte auf der waldumgebenen Beobachtungswiese des Observatoriums, zum Teil in einem geräumigen Turmzimmer des Hauptgebäudes. Die Meßreihe auf der Wiese ergab eine mittlere Trägererzeugung von 6.5 Trägern pro cm^3 und Sek. Stand der Strahler statt in der englischen Hütte auf einem Steinpfeiler 1 m über dem Boden, so erhöhte sich der Abfall auf 7.0. Die Meßreihe auf dem Turm lieferte den sehr viel höheren Wert 9.2.

In Kolberg war der Apparat zunächst einige Tage in einem engen Turmzimmer des Lotsenturms untergebracht, wobei 9.8 Träger pro cm^3 und Sek. gefunden wurden. Seit Anfang April 1914 stand er in einer großen englischen Hütte an einer erhöhten Stelle des Strandes etwa 100 m östlich vom Lotsenturm. Nach Kriegsausbruch mußte jedoch, um das lästige Hin- und Hertragen des Apparats zu vermeiden, in dem Beobachtungshäuschen auf dem Fort Münde weiter gemessen werden, wo schon Ende April eine kürzere Meßreihe erhalten worden war (Tab. 44). Hier stand der Strahler etwa 1$^1/_2$ m über dem grasbewachsenen Dach des aus Ziegelsteinen im 18. Jahrhundert gebauten Forts. Für gute Erdleitung war ebenso wie am Strand gesorgt.

---

[1]) C. Wulf, Phys. Zeitschr. 10, 152, 1909.
[2]) C. Dorno, Phys. Zeitschr. 14, 953, 1913.

Die kurze Anschlußreihe vom April 1914 auf dem Fort ergibt fast denselben Mittelwert wie die Messungen dort vom April 1915. Der Gesamtmittelwert der Fort-Reihe (August bis April), 7.48 Träger, ist wegen der nahen Steinmassen etwas höher als der der Strandreihe (April bis August), 7.05. Der Wert für den Kolberger Strand ist also noch etwas höher als der über dem Sand des Potsdamer Observatoriums gefundene. In der Tab. 44 sind die Monatsmittelwerte zusammengestellt worden, getrennt nach Tages- und Nachtwerten. Auf dem Fort sind

Tab. 44. Messungen der durchdringenden Strahlung, Träger $cm^{-3} sec^{-1}$.

Monat	Anzahl der Nachtwerte	Tagwert	Nachtwert	Mittel
a) Am Strand				
April 1914...	18	7.13	7.10	7.11
Mai	26	7.06	7.02	7.04
Juni	26	7.03	7.03	7.03
Juli	25	7.12	7.08	7.10
August . . .	19	6.93	6.98	6.96
Mittel	114	7.05	7.04	7.05
b) Auf dem Fort				
April 1914...	8	7.55	7.49	7.52
August . . .	10	7.67	7.52	7.55
September . .	27	7.58	7.54	7.56
Oktober . . .	23	7.64	7.51	7.56
November . .	29	7.53	7.49	7.51
Dezember . .	25	7.62	7.48	7.54
Januar 1915 .	31	7.40	7.45	7.43
Februar . . .	23	7.37	7.39	7.38
März	25	7.30	7.38	7.35
April	8	7.42	7.40	7.41
Mittel	209	7.51	7.46	7.48

während des größten Teils des Jahres die Tageswerte etwas größer, und nur vom Januar bis März etwas kleiner als die Nachtwerte. Das deutet auf einen schwachen täglichen Gang der durchdringenden Strahlung hin: In der wärmeren Jahreszeit tritt der Höchstwert in den Tagesstunden, der Tiefstwert nachts ein; im Winter ist es eher umgekehrt. Im Ganzen ist also bei den Tageswerten die jährliche Amplitude größer als bei den Nachtwerten, 0.37 Träger gegen 0.16. Dasselbe fanden Heß und Kofler[1]) sogar auf dem 2044 m hohen Obir, 0.53 Träger bei den Tages-, 0.37 bei den Nachtwerten bei einem absoluten Gesamtmittelwert von 10.6. Es ist das zweifellos ein wenn auch geringer Einfluß der Sonnenstrahlung, beziehungsweise der durch sie hervorgerufenen Temperatur und Feuchtigkeit der Luft und des Erdbodens.

Der jährliche Gang zeigt denselben Einfluß ausgeprägter. Die Fort-Reihe ergibt ein deutliches Maximum im Spätsommer und Minimum im Spätwinter. Am Strand ist diese Schwankung anscheinend kleiner. Die Monatsmittelwerte auf dem Fort schwanken bei den Tageswerten von 7.30 bis 7.67, bei den Nachtwerten von 7.38 bis 7.54. Schon Mache[2]) fand bei seinen Messungen in Wien höhere Werte im Sommer als im Winter. Aus mehr als einjährigen Beobachtungen, die sich nur auf Tageswerte erstreckten, erhielt Gockel[3]) in Freiburg (Schweiz) den höchsten Wert, 12.2, im Juni, den tiefsten 10.6 im Februar. Gockel erklärt diesen jährlichen Gang damit, daß der Anteil der Strahlung, der aus dem Erdboden stammt, infolge der Erwärmung und der geringen Bodennässe im Sommer größer wird. Bringt man die Kolberger Tageswerte vom Fort auf denselben Absolutwert wie in Freiburg, so ergibt sich eine jährliche Schwankung, die etwa drei mal so klein ist als in Freiburg. Am Strand selbst ist die Amplitude vermutlich noch geringer. Sicherlich ist das auf den Einfluß des Meeres zurückzuführen, das nicht wie der Erdboden durch Bodenatmung den Emanationsgehalt der untersten Luftschichten ständig erneuern kann. Der jährliche Gang im Hochgebirge, wo der Felsboden ähnlich wirkt, hat fast die gleiche Amplitude wie die Küste: Auf dem Obir waren die Tageswerte im Sommer 10.84, im Winter 10.51.

---
[1]) V. Heß und A. Kofler, Wiener Berichte **126**, 1394, 1917 und Meteorol. Zeitschr. **35**, 137, 1918.
[2]) H. Mache, Wiener Berichte **119**, 61, 1910.
[3]) A. Gockel, Physikal. Zeitschr. **16**, 351, 1915.

Geht aus dem mittleren täglichen und jährlichen Gang der erhöhende Einfluß der Temperatur ganz deutlich hervor, so ist im Einzelnen die Wirkung der Sonnenstrahlung oft gerade umgekehrt. So findet sich z. B. in der Zeit vom April bis Juli 1914 am Strand in allen vier Monaten deutlich an den ganz klaren Tagen ein um 1% kleinerer Wert der durchdringenden Strahlung gegenüber dem Monatsmittel, 7.00 statt 7.09. Auch auf dem Obir waren die Strahlungswerte bei geringer Bewölkung kleiner als an trüben Tagen. Heß glaubt, daß sich bei bedecktem Himmel die Emanation in den untersten Luftschichten eher anreichert als bei wolkenlosem. Dazu mag noch kommen, daß andere Faktoren die Bodenerwärmung überdecken, in erster Linie der Einfluß des Luftdrucks.

Eine Trennung des Beobachtungsmaterials nach den absoluten Werten des Luftdrucks gibt z. B. in der Zeit von April bis August in den Mittelwerten eher größere Strahlungswerte bei höherem Luftdruck. Beschränkt man sich aber auf die starken Luftdruckänderungen, so kehrt sich die Sache um. Insgesamt trat in der Zeit von September bis März in Kolberg, wenn man nur die Änderungen mindestens 4 Stunden lang 0.5 mm pro Stunde in Betracht zieht, 27 mal stark fallendes und 30 mal stark steigendes Barometer ein. Als Mittelwert der durchdringenden Strahlung bei stark fallendem Luftdruck findet sich 7.57, bei stark steigendem 7.42. Von den 57 Einzelfällen sind in 42 Fällen beide Elemente Strahlung und Luftdruckänderung deutlich entgegengesetzt, 7.64 bei fallendem, 7.40 bei steigendem Barometer. Die 15 Ausnahmen traten alle im Januar bis März ein, und zwar lag 11 mal eine Schneedecke, in 3 weiteren Fällen Schnee in der Umgebung, sodaß sich also die Abweichungen fast restlos dadurch erklären, daß infolge der Schneedecke die Bodenatmung verhindert war. Trotz der Meeresnähe tritt demnach in Kolberg der Bodeneinfluß deutlich hervor. Mache erhielt bei seinen Wiener Beobachtungen den gleichen Luftdruckeinfluß, Gockel fand ihn nur in den Mittelwerten einiger Monate, nicht bei den Einzelwerten. Auf dem Obir ergab sich keine Einwirkung, was bei der langen Schneedecke und dem Felsboden nicht wundernehmen wird. Dagegen erhielten Simpson und Wright[1]) sogar noch auf dem Ozean höhere Werte der durchdringenden Strahlung bei fallendem Barometer.

Die bekannte Erscheinung, daß Niederschläge die Strahlung erhöhen, fand sich in Kolberg bestätigt. So ergibt sich für 13 Regentage im April—Mai 1914 der Mittelwert 7.17 gegenüber dem Monatsmittelwert 7.07 und für 13 Regentage im Herbst 7.66 gegenüber dem Normalwert 7.58. Die 14 Tage im Winter, an denen längere Zeit Schnee fiel, ergaben aber keine Abweichung vom Mittelwert.

Ein Einfluß des Windes, der Windrichtung und Windstärke auf die durchdringende Strahlung ist in Kolberg kaum vorhanden. Man könnte vor allem an eine Einwirkung der wechselnden Land- und Seewinde denken. Eine Trennung des Beobachtungsmaterials nach diesem Gesichtspunkt ergab aber weder im Mai, wo dieser Wechsel am ausgeprägtesten war, noch im Juli und September Unterschiede.

Zusammenfassung: Von den Ergebnissen der mehr als einjährigen Messungen an der hinterpommerschen Küste seien diejenigen, die von allgemeinerem Interesse sind, am Schluß nochmal hervorgehoben.

Bei den Beobachtungen des Kondensationskerngehalts der Luft springt am meisten der große Einfluß der Windrichtung in die Augen. Bei Seewinden findet sich stets sehr geringer Kerngehalt, nicht größer als die kleinsten Werte auf den Bergen der deutschen Mittelgebirge, bei Landwinden höherer Kerngehalt. An geschützten Stellen des Strandes, vor allem im Strandwald, erreicht der Kerngehalt im Jahresmittel nur wenige Tausend Teilchen im Kubikzentimeter. Der jährliche Gang weist wegen des Überwiegens der Landwinde zu dieser Jahreszeit die Höchstwerte im Winter, die Tiefstwerte im Mai auf; der tägliche Gang die höchsten Werte mittags, die kleinsten vor allem im Sommer abends.

Die Wärmestrahlung der Sonne ist an der Küste wegen der reineren Luft bei gleicher Weglänge etwas größer als in Mitteldeutschland. Die jährliche Wärmesumme fällt daher und wegen der geringeren Bewölkung im Frühjahr und Frühsommer um etwa 10% höher aus als an allen anderen Orten Mittel- und Nordeuropas. Der jährliche Gang ist stark ausgeprägt: die Frühjahrswerte sind am größten, die Sommerwerte ganz wesentlich niedriger,

---

[1]) G. S. Simpson und Wright, Proc. Roy. Soc. **85**, 175, 1911.

die Herbstwerte wieder bedeutend höher als die Sommerwerte. Die Wintersonne, die wegen des meist trüben Himmels nur spärlich ist, ist am schwächsten, kann aber in Einzelwerten die höchsten Werte der betreffenden Sonnenhöhe liefern; die Mittelwerte liegen, weil sie durch Dunst gedrückt werden, tiefer als die Frühjahrs- und Herbstwerte gleicher Sonnenhöhe. Es werden die täglichen Gänge in den einzelnen Monaten mitgeteilt. Der Anstieg der Strahlung am Vormittag vollzieht sich vor allem im Sommer zuerst langsamer, dann schneller als der Abfall am Nachmittag. Der durch ein Rotfilter gemessene Anteil der Strahlung zeigt einen starken jährlichen und täglichen Gang in dem Sinne, daß stets bei kleinerer Weglänge (größerer Sonnenhöhe) der Anteil im Verhältnis zur Gesamtstrahlung abnimmt. Auf gleiche Weise wie eine größere Weglänge wirkt vermehrter Dunstgehalt der Atmosphäre, indem er diesen roten Anteil erhöht.

Die photoelektrisch gemessene blaugrüne Sonnenstrahlung verhält sich ähnlich wie die Wärmestrahlung. Im jährlichen Gang treten aber die Frühjahrswerte zurück. Beim violetten und den größeren Wellenlängen des ultravioletten Lichts gehen sie unter die Herbstwerte. Beim eigentlichen ultravioletten Licht sind die Hochsommerwerte am höchsten, die Frühjahrs- und Winterwerte am kleinsten. Dunst wirkt auf diese Strahlenarten viel stärker schwächend, sodaß auch die Schwankungen von Tag zu Tag erheblicher sind als bei der Wärmestrahlung. Auch die in gleicher Sonnenhöhe gemessenen Werte des ultravioletten Lichts sind im Herbst wesentlich höher als die Frühjahrswerte; die Sommerwerte liegen ebenfalls über den Frühjahrswerten, die Winterzahlen sind am kleinsten. Im täglichen Gang steigt das blauviolette und noch mehr das ultraviolette Licht bei den kleinen Sonnenhöhen sehr viel langsamer, dann bald viel steiler zu den Mittagswerten an als die Wärmestrahlung.

Die Helligkeitsmessungen am Mittag ergaben in Kolberg eine um etwa 20% höhere Ortshelligkeit (Oberlicht) als in Kiel. Durch die Festlegung der Normalwerte bei wolkenlosem Himmel läßt sich für jede Bewölkung und für jede Tagesstunde die Ortshelligkeit berechnen. Die größten Werte treten ein bei den höchsten, die kleinsten bei tiefsten Sonnenständen. Für die Schattenhelligkeit sind charakteristisch die an wolkenlosen Tagen bei tiefblauem Himmel eintretenden Werte, die mittags in allen Jahreszeiten ungefähr gleich sind, während sie bei weißlichem Himmel auf das 3—4fache steigen können. Es besteht auf diese Weise ein guter Zusammenhang zwischen der Stärke der Wärmestrahlung und der Schattenhelligkeit: je größer die Strahlung, um so kleiner ist das Schattenlicht. Mit wachsender Sonnenhöhe nimmt die Ortshelligkeit bei wolkenlosem Himmel von 10—50° linear zu. Die täglichen Gänge der einzelnen Monate weichen in den absoluten Werten und im Gang nicht sehr von einander ab; nur sind meistens die Vormittagswerte etwas höher als die Nachmittagswerte. In gleicher Sonnenhöhe gemessen, schwankt die Ortshelligkeit an wolkenlosen Tagen in den einzelnen Monaten ebenfalls nicht erheblich.

Das relative und absolute Vorderlicht nach Süden, Süden senkrecht zur Sonnenstrahlung, Westen, Norden und Osten wird im jährlichen Gang für die wolkenlosen, trüben, cirrus- und Cumulustage festgelegt. Außerdem ist an einigen wolkenlosen Tagen um die Monatsmitte die tägliche Schwankung des Vorderlichts nach den vier Himmelsrichtungen bestimmt worden. Mit Hilfe der bei jeder Bewölkung ausgeführten Mittagsmessungen kann man so das Vorderlicht bei jedem Wetter und zu jeder Zeit ungefähr berechnen.

Die durchdringende Strahlung hat in Kolberg sowohl einen schwachen täglichen als einen deutlichen jährlichen Gang (Maximum im Spätsommer, Minimum im Spätwinter), doch ist die Amplitude der jährlichen Schwankung ebenso gering wie im Hochgebirge. Trotz der Meeresnähe tritt bei den Schwankungen der Strahlung ein Einfluß der großen Luftdruckänderungen hervor.

MIX
Papier aus verantwortungsvollen Quellen
Paper from responsible sources
FSC® C105338

If you have any concerns about our products,
you can contact us on
ProductSafety@springernature.com

In case Publisher is established outside the EU,
the EU authorized representative is:
**Springer Nature Customer Service Center GmbH
Europaplatz 3, 69115 Heidelberg, Germany**

Printed by Libri Plureos GmbH
in Hamburg, Germany